El Planeta X y la Conexión con la *Biblia Kolbrin*

El motivo por el cual la Biblia Kolbrin es la Piedra Rosetta del Planeta X

El Planeta X y la Conexión con la *Biblia Kolbrin*

Greg Jenner
Prólogo de
Marshall Masters

Traducción al Español:
María Teresa Valencia del Rincón
Málaga - España

Your Own World Books
Nevada, USA

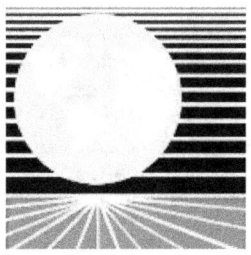

yowbooks.com
kolbrin.com

Todos los derechos reservados

El Planeta X y la Conexión con la Biblia Kolbrin

Greg Jenner con prólogo de Marshall Masters

Edición en Español
Primera edición: mayo de 2011
Segunda edición en Inglés: Mayo de 2008
©2011 Your Own World, Inc.
Todos los derechos reservados
yowbooks.com
kolbrin.com

Formato Impreso
 ISBN-13: 978-1-59772-115-8

YOUR OWN WORLD BOOKS
una impresión de *Your Own World, Inc.*
Nevada, USA
yowbooks.com
SAN: 256-1646

Avisos

Se ha hecho un gran esfuerzo para que este libro sea lo más completo y preciso posible, y no se ofrece ninguna garantía implícita. Toda la información que se facilita en este libro se ofrece en base a "como es". Los autores, la traductora, y el editor no están sujetos, ni se pueden considerar como responsables ante ninguna entidad ni persona con respecto a los posibles daños o pérdidas derivados de la información aquí contenida.

Marcas

Todos los términos mencionados en este libro, que sean conocidos como marcas registradas o servicios de marca, han sido capitalizados. Your Own World, Inc. no puede asegurar la exactitud de esta información, por lo que el uso de cualquier término en este libro no debe considerarse como que esté afectando la validez de cualquier marca registrada o de cualquier servicio de marca.

Índice

Índice de Ilustraciones

Prólogo de
Marshall Masters

Para mi es un gran honor publicar esta obra, ya que consolidará un nuevo punto de referencia de la investigación histórica del Planeta X. Como investigador del Planeta X, y autor que cuenta con un amplio bagaje, creo que Greg Jenner es uno de los mejores historiadores vivos del momento, si no es el mejor. Esto es debido a que su análisis refleja las incertidumbres de toda una vida, que para él comenzaron en 1975, cuando tenía 13 años.

Incluso a esa edad tan temprana, sintió la necesidad de llevar a cabo este trabajo y siempre ha permanecido fiel a ello. Como siempre digo: "El destino llega a los que escuchan y la suerte encuentra al resto". Greg escuchó, y a lo largo de los años, ha recopilado una colección incalculable de datos científicos antiguos. Otros, se hubieran sentido tentados de dormirse en los laureles, sin embargo él continúa trabajando con la misma intensidad y pasión que tenía de niño.

Teniendo en cuenta que intuyó una misión profunda en una edad tan temprana de su vida, podría decirse que su espíritu eligió encarnarse en este momento, y con este propósito en concreto. Pueden hallarse más pruebas de ello por la forma tan singularmente sencilla con la que se topó con este tema.

Como le sucede a la mayoría de los investigadores del Planeta X, me encontré con este preocupante tema por casualidad. O, en otras palabras, literalmente me dirigí directamente hacia ello.

En mi caso, comenzó en los primeros años después de la caída del Imperio Soviético. Un evento histórico pronosticado por los antiguos autores egipcios hace unos 3600 años en la Biblia Kolbrin.

En 1992, empecé a ofrecer viajes a Rusia como agente de viajes independiente. Preparándome para la temporada de viajes, volaba a Rusia cada invierno en Aeroflot. Siempre tomaba la misma ruta polar entre San Francisco y Moscú. Los vuelos de ida siempre tenían lugar por la noche y los de regreso durante el día.

Mientras regresaba de mi primer viaje de invierno, el paisaje polar bajo el Ilyushin, mi Il-62, ofrecía una panorámica de nieve y hielo compactos. Teniendo en cuenta que yo había crecido bajo el calor sofocante de Arizona, fue un espectáculo impresionante que me dejó paralizado durante horas.

A lo largo de los años, la imperturbable belleza del paisaje polar fue deteriorándose progresivamente. Durante mi último viaje de invierno en 1998, el paisaje bajo mi Ilyushin Il-96 estaba destrozado y acuoso. Como los cristales hechos añicos de un coche accidentado. Esta tendencia inquietante me impulsó a comenzar una investigación personal sobre el calentamiento global que rápidamente me hizo sucumbir a la confusión de los juegos de culpa sin sentido. Sin embargo, insistí.

En 1999, empecé a investigar este tema más en profundidad con Jacco van der Worp, Janice Manning y otros. Para no dejarnos confundir por la política, decidimos ampliar nuestra investigación del calentamiento global a otros planetas en nuestro sistema solar. ¡Lo que descubrimos nos dejó estupefactos!

La NASA informaba acerca de patrones de calentamiento global intensos en Marte y Plutón, así como de toda una gama de anomalías en todos y cada uno de los demás cuerpos celestes importantes de nuestro sistema solar.

Conforme nos iba llegando la información, nos pareció estar en medio de un teatro a oscuras, mientras un técnico invisible, a cargo de la iluminación, comenzaba a encender cada fila de luces, poco a poco. Entonces nos pusimos manos a la obra para desenmascarar esta causalidad todavía sin descubrir y, con el tiempo, lo conseguimos.

Hoy en día, lo llamamos Planeta X, pero los antiguos lo conocían por muchos otros nombres, como Greg explica en su brillante obra. Una que seguramente cambiará su visión del futuro, porque como él explica tan acertadamente: "La Biblia Kolbrin es la Piedra Rosetta del Planeta X."

Marshall Masters, Editor
Your Own World Books

El Lema de Marshall

El destino llega a los que escuchan, y la suerte encuentra al resto.

Por lo tanto, aprende cuanto puedas aprender,
haz lo que puedas hacer,
¡y nunca pierdas la esperanza!

1

La advertencia de Jeremías

Jeremías, un profeta del Antiguo Testamento, se sintió obligado de advertirnos acerca de algo que él mismo denominó como El Destructor. Obviamente, él conocía el significado de su ira y que cada lugar sobre la Tierra se vería afectado.

Santa Biblia: versión del Nuevo Siglo

- **Jeremías 25:32 y 48:8** "Los desastres se propagarán pronto de nación en nación. Vendrán como una potente tormenta a todos los lugares lejanos de la tierra...El DESTRUCTOR vendrá contra cada ciudad, ninguna ciudad escapará... Porque el Señor dijo que esto sucederá". Jeremías 25:32 y 48:8 (De la Santa Biblia: versión del Nuevo Siglo.)

- En su visión aleccionadora, hay escasos detalles concretos sobre el Destructor. Afortunadamente, existe una descripción más detallada que corrobora a Jeremías aportada por *La Biblia Kolbrin,* una antología secular, parte de la cual se escribió en la misma época.

La Biblia Kolbrin: Edición Original Siglo XXI

⬛ **Manuscritos 3:3** Cuando pasan los años, empiezan a actuar determinadas leyes sobre las estrellas en los Cielos. Cambian sus formas; hay movimiento y quietud, ya no son constantes y una gran luz roja aparece en los cielos.

⬛ **Manuscritos 3:4** Cuando llueva sangre [ceniza roja] sobre la Tierra, aparecerá el DESTRUCTOR y las montañas se abrirán y escupirán fuego y cenizas. Los árboles serán destruidos y todo ser viviente será engullido. Las aguas serán tragadas por la tierra y los mares hervirán.

⬛ **Manuscritos 3:6** LA GENTE ENLOQUECERÁ. Escucharán la trompeta y el grito de guerra del DESTRUCTOR y buscarán refugio en el interior de la Tierra. El terror consumirá sus corazones y su coraje desaparecerá como el agua de un cántaro roto. Se verán devorados por las llamas de la ira y consumidos por el aliento del DESTRUCTOR.

El diccionario "New Webster" define la palabra "Destructor" como *algo que destruye* o *que pone fin a*. Por lo tanto, si el Destructor "pone fin a" las ciudades más importantes de la humanidad en los lugares más distantes, el Destructor debe ser de naturaleza celestial y lo suficientemente grande como para afectar a toda la Tierra de este modo.

Este trabajo proporciona las pruebas que apoyan la sugerencia de que el Destructor es un cuerpo planetario conocido hoy en día como el Planeta X y que muchos creen cruzará nuestro sistema solar durante el marco del 2012 con resultados catastróficos para la Tierra.

2

La investigación del Planeta X

El Planeta X es muy real y conocido por la "élite", un dato oculto que han descubierto a través de una fuente antigua y que han mantenido en silencio durante bastante tiempo, hasta ahora. Sin embargo, antes de profundizar en ello, he aquí un breve resumen de mi investigación hasta el momento sobre el Planeta X.

En 1975, compré mi primer libro de texto sobre Astronomía titulado: *"El Universo"* por Sampson Low Editores. Como muchos adolescentes de 13 años de edad en esa época, me sentía muy atraído por la Ciencia Ficción y por los misterios del espacio exterior. Huelga decir

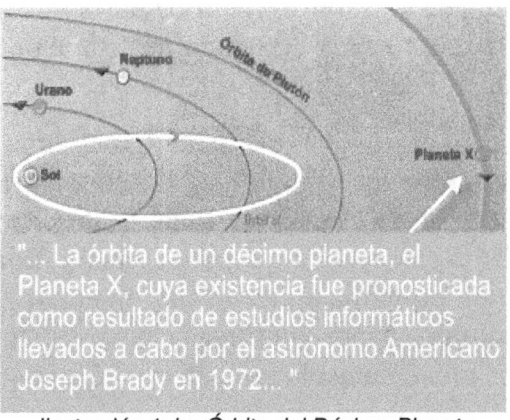

"... La órbita de un décimo planeta, el Planeta X, cuya existencia fue pronosticada como resultado de estudios informáticos llevados a cabo por el astrónomo Americano Joseph Brady en 1972... "

Ilustración 1: La Órbita del Décimo Planeta

que me leí *"El Universo"* con gran entusiasmo, de la primera a la última página.

Sin embargo, una cosa llamó mi atención. Era una pequeña reseña en la página 99 sobre un cuerpo extra hipotético dentro del sistema solar llamado Planeta X.

Al leer esta página por primera vez, mi instinto me dijo que el Décimo Planeta era real. Pero, ¿dónde estaba la prueba? Una curiosidad insaciable me hizo buscar alguna referencia sobre este planeta en todos los recortes de prensa posibles, en artículos publicados en revistas y en libros de texto. Lamentablemente, había pocos artículos sobre este tema. Así que, después de conseguir tan sólo unos 40 artículos, empecé a investigar sobre el Planeta X utilizando otra fuente viable, los manuscritos antiguos.

Durante el curso de mis investigaciones, he examinado con atención incontables libros esotéricos y documentos antiguos que facilitan pistas tentadoras que sugieren la existencia de un planeta de gran tamaño dentro de los confines del sistema solar. Los antiguos Sumerios lo conocían como Nibiru (que significa 'Planeta del cruce'), y la trayectoria de Nibiru es bastante diferente de la que se muestra en la ilustración número 1 (ver página anterior). Nibiru (o el Planeta X) mantiene una órbita muy irregular que regresa de forma periódica; a su regreso, 'cruza' la órbita de la Tierra, causando estragos en nuestro mundo.

Sin embargo, parece que había una gran cantidad de conocimiento que el público desconocía. Faltaba información vital, una verdad esotérica todavía desconocida por las masas. Tuve la corazonada que podía encontrarla en un documento celosamente guardado... Pero se mantuvo oculta. Le siguió una búsqueda en vano, que me causó frustración... Y entonces, súbitamente, en un solo instante, la búsqueda terminó.

Finalmente, gracias a Marshall Masters, editor de Your Own World Books (yowbooks.com) y a Your Own World USA (yowusa.com) encontré La Piedra Rosetta del Planeta X... el Santo Grial de todos los manuscritos antiguos describiendo al Planeta X.

Se trata de *La Biblia Kolbrin* y lo denominó como el DESTRUCTOR, ¡exactamente del mismo modo que lo describió el profeta Jeremías, según la traducción del Nuevo Siglo del Antiguo Testamento! Además, La *Biblia Kolbrin* profundizó en gran detalle al describir el aspecto físico del Destructor, aportando piezas vitales del rompecabezas que Jeremías había excluido.

3

La Biblia Kolbrin

El editor, Marshall Masters, ofreció este asombroso trabajo en primer lugar en el año 2005, a través de librerías y de ventas de libros por Internet como en Amazon.com (Para más información, visite la página oficial en: www.kolbrin.com.)

Compuesto por 11 libros, los 6 primeros fueron escritos por académicos y escribas egipcios después del Éxodo. Los cinco libros restantes fueron escritos por sacerdotes celtas de la primera Gran Bretaña, después de la muerte de Jesús. Las obras completas fueron trasladadas posteriormente a la Abadía de Glastonbury, donde permanecieron hasta el siglo XXII d.C.

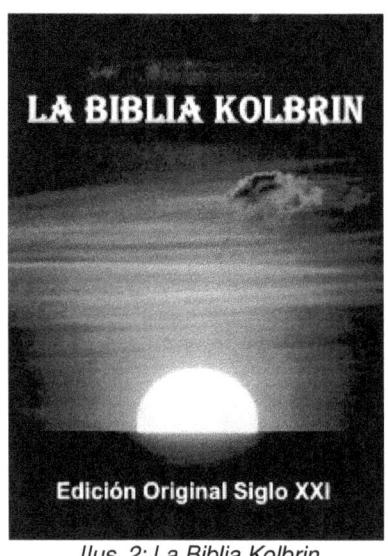

Ilus. 2: La Biblia Kolbrin

Mencionado de forma breve en la introducción, este antiguo manuscrito al parecer fue mantenido bajo llave en las librerías privadas Masónicas después de que se cumplieran varias profecías, incluida la caída de la Unión Soviética y el surgimiento del Islam radical. Entonces, fue revelado al mundo en 1992.

La Biblia Kolbrin: Edición Original Siglo XXI

- **Manuscritos 3:7 ...** Los hombres volarán en el aire como pájaros y nadarán en los mares como peces. Los hombres hablarán de paz los unos con los otros. La hipocresía y el engaño tendrán su fin. Las mujeres serán como los hombres y los hombres como las mujeres. La pasión será un juguete en manos del hombre.

- **Manuscritos 3:9** Entonces, los hombres se sentirán mal de corazón, buscarán sin saber lo que buscan, y la incertidumbre y las dudas les acosarán. Acumularán grandes fortunas, pero serán pobres de espíritu. Entonces, temblarán los Cielos y la Tierra se moverá. Los hombres sentirán pánico, y mientras el terror les acompaña, aparecerán los Mensajeros de la Muerte. Vendrán silenciosamente, como ladrones de tumbas. Los hombres no sabrán quiénes son y serán engañados. LA HORA DEL DESTRUCTOR ESTÁ AL LLEGAR.

- **Manuscritos 3:10** En esos días, los hombres tendrán el Gran Libro ante ellos; el conocimiento será revelado; pocos se reunirán con predisposición; será la hora de la prueba. Sobrevivirán los intrépidos; los valientes no sucumbirán.

Si *La Biblia Kolbrin* contiene mensajes alarmantes que describen el retorno del Planeta X, es incuestionable que la "élite" querría mantenerlo en secreto, mientras que al mismo tiempo , se prepararían – a cualquier precio – para sobrevivir una nueva era. Según el versículo arriba mencionado, parece que sólo unos pocos elegidos sobrevivirán.

Piense en ello. Si un grupo de personas estuviera en posesión de un documento de 800 años de antigüedad que explicara sin ninguna posibilidad de duda que una catástrofe tendrá lugar durante el regreso de un objeto celestial, tendrían el tiempo suficiente como para planificar concienzudamente una estrategia de supervivencia, construyendo lugares secretos como: un búnker subterráneo, transatlánticos gigantescos y puestos de comando futuros.

El público en general tiene derecho a ser informado de esto, así como del terrorífico secreto del manuscrito, por lo que este escritor investigó cuidadosamente cada párrafo de *La Biblia Kolbrin* que habla del Destructor o que se refiere a él.

Esta obra profundizará en "el retorno" del Destructor explicando su naturaleza cíclica. Para probar este punto crucial, este escrito incluye tres sagas épicas extraídas de *La Biblia Kolbrin*, incluyendo:

- El hundimiento de la Atlántida (La tierra madre de Egipto).

- El Diluvio (El Diluvio de Noé), incluyendo la mención Celta al Diluvio

- El Éxodo (incluyendo la huida hacia la libertad).

Como descubrirá más adelante, el Destructor -de forma directa- causó o contribuyó a cada uno de estos tres eventos.

La "élite" se ha tomado muy en serio la advertencia de *La Biblia Kolbrin*. De este manuscrito parte un conocimiento muy profundo, por lo que permita que los versículos hablen por sí mismos; no obstante, de vez en cuando, encontrará [Corchetes] y MAYÚSCULAS para expresar la opinión del escritor. Así que, póngase cómodo y agárrese a su asiento. Está a punto de comenzar toda una aventura.

4

El "Objeto Entrante" del Monstruo del Espacio

Fecha: Viernes, 30 de diciembre de 1983. Washington (TPS): "Un cuerpo celeste, posiblemente tan grande como el gigantesco planeta Júpiter, y probablemente tan cerca de la tierra que sería parte del sistema solar, ha sido descubierto en dirección a la constelación de Orión por un telescopio orbital llamado el Observatorio Astronómico Infrarrojo... Los astrónomos no saben si es un planeta, un cometa gigante, una protoestrella cercana" [¿O...?]". "...No se trata de un objete celeste que vaya a entrar en nuestro sistema solar" [Científico Jefe]: dijo Neugebauer ... [Fuente: The Vancouver Sun].

Resulta interesante cómo el doctor Neugebauer rápidamente echa por tierra la idea de una amenaza espacial haciendo mención a que el misterioso monstruo espacial "no es un objeto entrante". Sin embargo, *La Biblia Kolbrin* explica claramente que la Tierra se ha encontrado con un monstruo espacial en el pasado remoto y que volverá a hacerlo.

La Biblia Kolbrin: Edición Original Siglo XXI

- **Creación 3:1** Es sabido, y la historia procede de tiempos antiguos, que no hubo una, sino dos creaciones, una creación y una re-creación. Es un hecho conocido por todos los sabios que la Tierra fue destruida por completo y que renació en una segunda rueda de creación. [Una nueva Tierra en una órbita nueva].

⬩ **Creación 3:2** ...Dios hizo que un DRAGÓN [celestial], procedente del lejano Cielo, viniera y la alcanzara ... Los mares se soltaron de sus ataduras y subieron, arrasando la tierra [provocando tsunamis enormes] ...

⬩ **Creación 3:3** En el momento de la gran destrucción de la Tierra, Dios hizo que un DRAGÓN [celestial], procedente del lejano Cielo, viniera y la alcanzara. Mirar al DRAGÓN daba miedo, sacudió su cola, exhaló fuego y brasas, y una gran catástrofe se desató sobre la humanidad. El cuerpo del DRAGÓN estaba envuelto en una fría luz brillante y, debajo, en el ombligo, había un resplandor de tonos rojizos, mientras que detrás, mantenía una larga estela de humo. Escupió cenizas y piedras incandescentes y su aliento era pestilente, envenenando las papilas olfativas de los hombres. Su paso causó grandes truenos y relámpagos hasta sumir el cielo en una densa oscuridad. El Cielo y la Tierra mantenían una temperatura elevada. Los mares se soltaron de sus amarres y subieron, arrasando la tierra [provocando tsunamis enormes]. Se produjo un terrible y estridente sonido de trompeta, que superó incluso los aullidos de los desatados vientos.

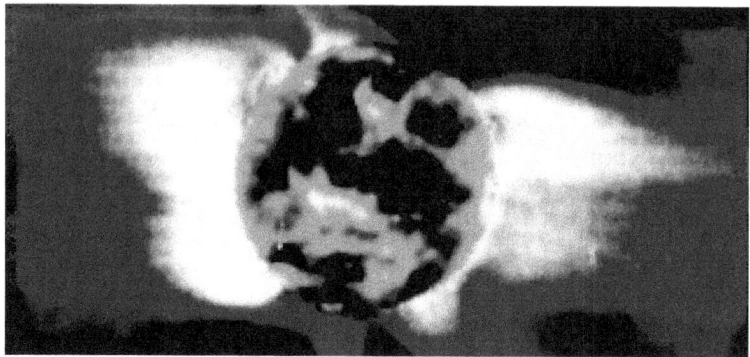

Ilustración 3: El aullido de los Desatados Vientos

◢ **Creación 3:3** Los hombres, asolados por el terror, se volvieron locos con la terrible visión de los Cielos. Perdieron los sentidos y huyeron despavoridos, enloquecidos, sin saber lo que hacían. El aliento fue succionado de sus cuerpos y se vieron quemados por una extraña ceniza.

◢ **Creación 3:4** Entonces cruzó, dejando la Tierra envuelta en un manto de oscuridad, iluminada rudamente desde el interior. Las entrañas de la Tierra se abrieron retorciéndose con gran agitación y un clamoroso torbellino separó las montañas. La cólera del MONSTRUO DEL ESPACIO se había desatado en los Cielos. Azotó la Tierra con una acalorada furia, rugiendo como miles de truenos; desató una intensa destrucción en medio de una confusa gruesa sangre negra. Tan terrible fue la visión de los acontecimientos que misericordiosamente, los recuerdos del hombre se disiparon en una nube de olvido.

◢ **Creación 3:5** La Tierra vomitó grandes bocanadas de aliento pestilente a través de espantosas entradas que se abrieron en mitad de la tierra. El demonio respiró levemente en la garganta antes de volver locos a los hombres y matarlos. Aquellos que no murieron de este modo, se vieron asfixiados por una nube de POLVO Y CENIZAS ROJAS, fueron engullidos por las enormes entradas de la Tierra, o aplastados bajo rocas...

◢ **Creación 3:8** Los hombres y sus moradas habían desaparecido, sólo quedaban las piedras del cielo [el Cinturón de Asteroides] y la tierra roja donde una vez estuvieron, sin embargo entre tanta desolación sobrevivieron unos pocos, ya que el hombre no se destruye fácilmente. Se arrastraron fuera de las cuevas y bajaron de las laderas de las montañas. Sus miradas se habían tornado salvajes y sus extremidades temblaban, sus cuerpos se zarandeaban y sus lenguas carecían de control. Sus caras estaban torcidas y su piel colgaba suelta de sus huesos. Habían enloquecido como bestias salvajes forzados a un encierro antes de las llamas; no conocían ley alguna, viéndose desprovistos de todo el conocimiento que tuvieron una vez, y los que les habían guiado ya no estaban...

◢ **Creación 3:10** Entonces, el gran toldo de polvo y nube que abarcaba la Tierra envolviéndola en una gran oscuridad, se vio traspasada por una intensa luz, y el toldo cayó en forma de grandes aguaceros y furiosas tormentas. Eran lágrimas frescas de la luna que caían para aliviar la pena de la Tierra y las desgracias de los hombres.

◢ **Creación 3:11** Cuando la luz del sol atravesó el velo de la Tierra, bañando la tierra con su revitalizante gloria, volvieron la noche y el día a la Tierra. Ahora había momentos de luz y momentos de oscuridad. El asfixiante toldo desapareció y los Cielos se hicieron visibles ante el hombre. El aire pestilente se purificó y un nuevo aire llenó la RENACIDA TIERRA, protegiéndola de la hostil oscuridad vacía del Cielo.

◢ **Creación 3:12** Las tormentas dejaron de azotar las tierras y las aguas tranquilizaron su alboroto. Los terremotos ya no abrían más grietas en la Tierra. No ardía, ni tampoco se veía quemada por rocas incandescentes. Las masas de tierra volvieron a restablecerse como estables y sólidas, manteniéndose firmes en medio de las aguas que las rodeaban. Los océanos volvieron a ocupar los lugares que tenían asignados y la tierra se mantuvo sobre sus cimientos. El sol brillaba sobre la tierra y el mar, y la vida se renovó sobre la faz de la Tierra. Llovía de nuevo de forma suave y las nubes flotaban como flecos de lana en los cielos.

◢ **Creación 3:13** Las aguas se vieron purificadas, el sedimento se hundió y la vida aumentaba en abundancia. La vida se había renovado, pero era diferente. El HOMBRE SOBREVIVIÓ, pero no era el mismo. El sol ya no era como había sido y se habían llevado una luna. El hombre se encontraba inmerso en una renovación y una regeneración. MIRÓ A LOS CIELOS QUE HABÍA SOBRE ÉL con temor ante los espantosos poderes de destrucción que lo acechaban. En lo sucesivo, los plácidos cielos albergarían un SECRETO TERRORÍFICO.

Creación 3:14 El hombre encontró la TIERRA NUEVA firme y los Cielos estables. Se alegró, aunque también vivió con temor de que los Cielos trajeran de nuevo los monstruos que se estrellaran contra él.

Creación 3:15 Cuando los hombres salieron de sus refugios y lugares en los que se habían resguardado, el mundo tal y como lo habían conocido sus padres había desaparecido para siempre. El aspecto de la Tierra había cambiado... cuando se desplomó la estructura del Cielo. Una generación luchó a tientas sumida en la desolación y tristeza, y cuando la densa oscuridad se dispersó, sus hijos pensaron que estaban siendo testigos de una nueva creación. El tiempo había transcurrido, habían perdido parte de su memoria y el recuerdo de los eventos ya no estaba tan claro. A esa generación le siguió una y otra generación, y conforme avanzaron los tiempos, nuevas lenguas e historias reemplazaron las antiguas...

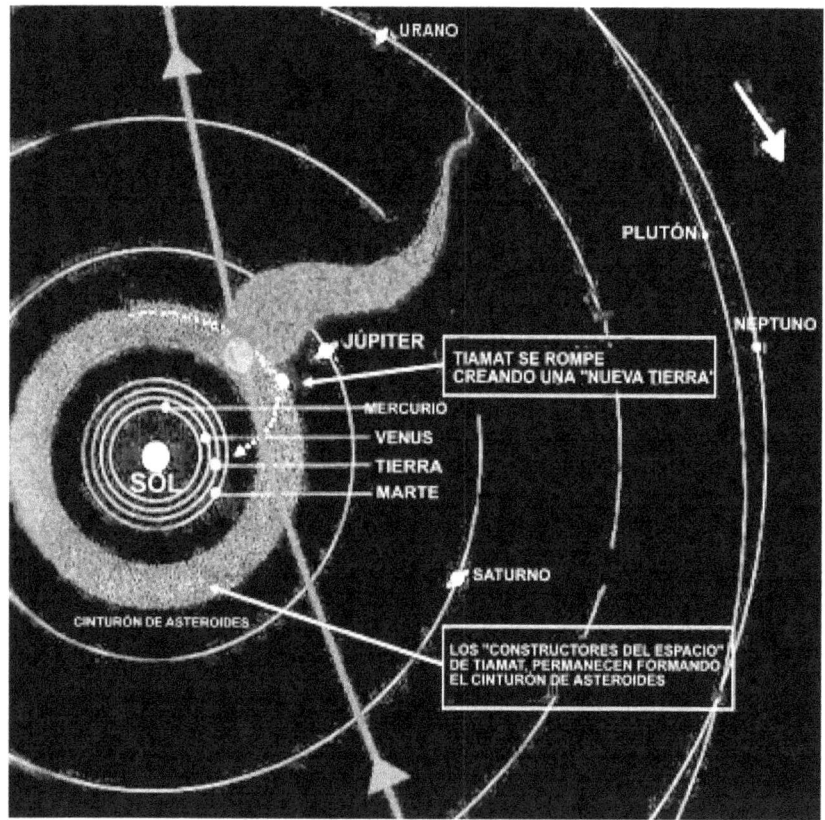

Ilus. 4: El Impacto de Tiamat Crea La Tierra

Estos versículos aportan mucha información sobre un épico encuentro planetario. Pero el conocimiento se puede desvanecer a lo largo del tiempo, a menos que alguien guarde lo sucedido por escrito. En el caso de *La Biblia Kolbrin*, los escribas egipcios tuvieron la visión de futuro de preservar la palabra por escrito. Aunque los antiguos manuscritos podrían incluir algunas exageraciones y opiniones personales desde el punto de vista del autor, siguen siendo importantes y necesarias para el lector de hoy en día, ¡así que no hay que deshacerse de ellos!

Basado en el "Libro de la Creación" de *La Biblia Kolbrin*, resulta obvio que un planeta errante golpeó la Tierra original con un golpe transversal. Este planeta errante, que los antiguos Sumerios llamaron Nibiru, en principio atravesó nuestro sistema solar entre las órbitas de Júpiter y Marte, donde – en aquellos tiempos - orbitaba la "primera" Tierra

Era un planeta oceánico conocido por los Sumerios como el dios Tiamat. El evento celestial partió Tiamat, lanzando algunos trozos al Cinturón de Asteroides. Sin embargo, una pequeña parte de Tiamat quedó intacta y fue lanzada al interior del sistema solar en dirección al sol, asentándose en una órbita más cercana. La inestable masa planetaria compuesta por rocas y agua se restableció como un planeta oceánico más pequeño, convirtiéndose en lo que hoy en día es la Tierra.

Además de *La Biblia Kolbrin* y de la tradición Sumeria, ¿qué otra información adicional hay disponible que indique la existencia en alguna ocasión de un planeta en la región del Cinturón de Asteroides?

'Un antiguo gran Planeta del Sistema Solar' escrito por Van Flandern, T.C.; *EOS*, 57:280, 1976.

"**Resumen.** "Cálculos dinámicos recientes realizados por M. W. Ovenden han demostrado la existencia de un planeta 90 veces la masa de la Tierra en el Cinturón de Asteroides..." (Fuente: 'El Universo Misterioso. Manual de Anomalías Astronómicas" por William R. Corliss ©1979.)

Andy Lloyd, autor de la *"Estrella Oscura"* y editor de la página web www.darkstar1.co.uk, piensa que el próximo sobrevuelo del Planeta X/Nibiru tendrá lugar mucho más allá de la órbita de Júpiter.

Sin embargo, mi investigación acerca de este tema es un poco más radical que la de la aproximación conservadora de Andy. La interpretación, basada en *La Biblia Kolbrin*, indica que el próximo sobrevuelo del Planeta X podría ser mucho más cerca del sol.

5

Nuestra Estrella Oscura Astada

Dicho todo esto, sin embargo, parece que estamos tratando con dos objetos celestiales desconocidos. Esta afirmación se basa en parte en un diagrama de la NASA. Los rumores que aparecieron

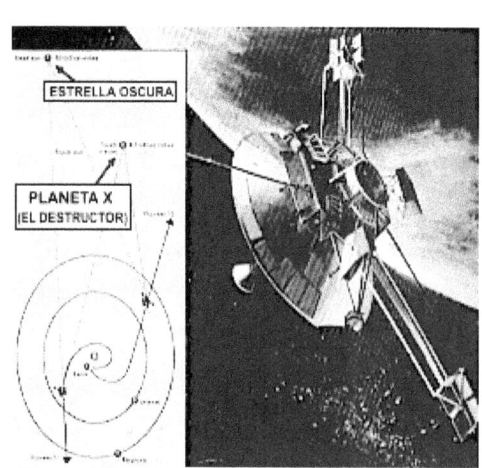

Ilus. 5: Diagrama de la NASA: Estrella Oscura

en Internet sugirieron que esta imagen era un timo. No lo es. *La Enciclopedia Ilustrada de la Nueva Ciencia e Invención,* Vol. 18, página 2488, presenta un diagrama muy sincero que muestra DOS objetos desconocidos.

Lo que el lector podría encontrar incluso más sorprendente es el hecho de la presentación del diagrama en sí mismo. No hace mención alguna a la "Estrella Muerta" o al "Décimo Planeta" en el artículo.

Por lo tanto, mirando esta imagen por primera vez, uno podría asumir automáticamente que las sondas espaciales Pioneer estaban buscando dos objetos celestiales. Es probable que la Estrella Muerta que se muestra en el diagrama sea nuestro segundo sol (una Enana Marrón conocida como la Estrella Oscura aparece en el texto del diagrama de la NASA), y el Décimo Planeta que se muestra en el diagrama es el Planeta X (conocido como el Destructor, tal y como se muestra también en el texto).

Además, Andy Lloyd está de acuerdo con este escritor en cuanto a que el Planeta X (Nibiru) orbita a la Estrella Oscura por sí mismo, y en base a este escenario, Nibiru— y no la Estrella Oscura— atraviesa de forma periódica el sistema solar. No obstante, la investigación indica que la Estrella Oscura puede mostrarse a nosotros en conjunción con el sobrevuelo de Nibiru.

El fallecido científico, Carl Sagan especulaba en su libro de 1985 *"Cometa"* sobre el hecho de que nuestro sol tuviera una Estrella Oscura o Hermana Oscura, y según *La Biblia Kolbrin*, podría tener razón.

La Biblia Kolbrin: Edición Original Siglo XXI

- **Creación 4:5** Entonces llegó el día en que todas las cosas se quedaron quietas y a la expectativa, porque Dios hizo aparecer un signo en los Cielos para que los hombres supieran que la Tierra se vería afligida, y el signo fue una EXTRAÑA ESTRELLA.

- **Creación 4:6** LA ESTRELLA aumentó de tamaño, adquirió una gran luminosidad y fue impresionante para la vista. HIZO SONAR LAS TROMPETAS y cantó, como algo nunca visto anteriormente. Así es que los hombres, al verla, se dijeron: "Seguramente es Dios quien ha aparecido en el Cielo sobre nosotros". LA ESTRELLA NO ERA DIOS, aunque estaba dirigida por Su designio, pero las personas no tenían el conocimiento para comprender.

◢ **Manuscritos 33:12** Gran Amante de las estrellas, déjanos permanecer en paz, porque tenemos miedo de las REVELACIONES DE TUS TROMPETAS...

◢ **Orígenes 8:3** Los primeros creyentes hicieron sacrificios, en su mayoría, en los momentos más adecuados, pero en lugar de coronas de hojas se pusieron máscaras en semejanza al sol y a la luna, creyendo que eran los dirigentes de los presagios. LE PRESTARON CULTO ERRÓNEAMENTE A LA ESTRELLA MALIGNA DE LAS TROMPETAS Y A SUS ACOMPAÑANTES...

¿Describen estos versículos a la Hermana Oscura del Sol como sugería Carl Sagan? ¡Sí! Y "Sus" "Acompañantes" son planetas o satélites a los que domina. Su acompañante más externo podría ser fundamental en el destino de la Humanidad. De hecho, el acompañante más grande de nuestra Hermana Oscura no es otro que el Planeta X, tal y como muestra la NASA en el diagrama.

Otro indicio que nos muestra que estamos tratando con dos objetos celestiales se puede encontrar en la *Sagrada Biblia*.

◢ **Revelaciones 12:1 - 9:** "Y entonces apareció una gran maravilla en el cielo: había una mujer cubierta por el sol. La luna se encontraba [posicionada] bajo sus pies. Ella [Nuestra Estrella Oscura] tenía una corona con 12 estrellas sobre su cabeza. [12 acompañantes orbitando alrededor de este objeto celestial]...Entonces apareció otra maravilla en el cielo: había un

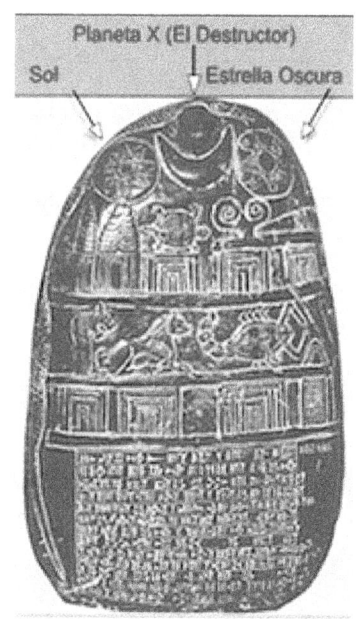

Ilus.6: Tablilla Sumeria donde figura el Planeta X

DRAGÓN ROJO gigante [celestial]... La COLA del dragón ARROJÓ UNA TERCERA PARTE DE LAS ESTRELLAS FUERA DEL CIELO y las lanzó contra la tierra. [El dragón provocó un reverso de los polos que hizo que las estrellas "parecieran" moverse al unísono hacia abajo, en dirección al horizonte]...(El dragón gigante es esa antigua serpiente [con su cola serpenteada, color rojo, con aspecto de cometa] llamada el demonio...)".

Esto indica dos objetos celestiales distintos: la mujer y el dragón. El Dragón Rojo mencionado en el Libro de las Revelaciones *es* el Destructor de la Biblia *Kolbrin* y un gran ejemplo de su cola con forma de serpiente se encuentra en este Pedestal de Mesopotamia (ver ilustración número 6). Además, la tablilla Sumeria sugiere que, ciertamente, el Planeta X (el Destructor) es muy diferente a nuestra compañera binaria, la Hermana Oscura de Carl Sagan.

Nota: *Habrá más información del dragón celestial, Satán, y de su relación con el Destructor , más adelante.*

6

La Hora
"Del Destructor"
Está Próxima

La Biblia Kolbrin le dedica tres capítulos completos al Destructor de Jeremías, así sabemos que documentarlo era de suma importancia para los antiguos escribas egipcios. El Destructor produjo impresionantes "señales y maravillas", vistas globalmente en todos los cielos de esa época antigua.

La Biblia Kolbrin: Edición Original Siglo XXI

- **Manuscritos 3:1** Los hombres olvidan los días del Destructor. Sólo los sabios saben a dónde fue y que regresará a la hora señalada.

- **Manuscritos 3:2** Arrasó los Cielos durante los días de la ira, y éste era su aspecto: era una nube ondulante de humo envuelta en un resplandor rojizo, donde no se podían distinguir sus articulaciones ni extremidades. Su boca era un abismo del que salían llamas, humo y cenizas incandescentes.

- **Manuscritos 3:3** Cuando pasan los años, empiezan a actuar determinadas leyes sobre las estrellas en los

Cielos. Cambian sus formas; hay movimiento y quietud, ya no son constantes y una gran luz roja aparece en los cielos.

⟊ **Manuscritos 3:4** Cuando llueva sangre [ceniza roja] sobre la Tierra, aparecerá el DESTRUCTOR y las montañas se abrirán y escupirán fuego y cenizas. Los árboles serán destruidos y todo ser viviente será engullido. Las aguas serán tragadas por la tierra y los mares hervirán.

⟊ **Manuscritos 3:6** LA GENTE ENLOQUECERÁ. Escucharán la trompeta y el grito de guerra del DESTRUCTOR y buscarán refugio en el interior de la Tierra. El terror consumirá sus corazones y su coraje desaparecerá como el agua de un cántaro roto. Se verán devorados por las llamas de la ira y consumidos por el aliento del DESTRUCTOR.

⟊ **Manuscritos 3:7** … Los hombres volarán en el cielo como pájaros y nadarán en los mares como peces. Los hombres hablarán de paz los unos con los otros. La hipocresía y el engaño tendrán su fin. Las mujeres serán como los hombres y los hombres como las mujeres. La pasión será un juguete en manos del hombre.

La Madre (Úrsula) Shipton, una psíquica y profeta que murió en el año 1561 d.C. dijo esencialmente lo mismo:

⟊ "Porque en esos maravillosos días lejanos, las mujeres adoptarán una moda de vestir como los hombres, llevarán pantalones y se cortarán sus mechones de pelo...

⟊ Cuando los barcos naden bajo el agua como los peces. Cuando los hombres recorran el cielo como pájaros, entonces la mitad del mundo, profundamente empapado en sangre, morirá...

⟊ Un ardiente dragón cruzará el cielo Seis veces antes de que la Tierra muera ..."

Me pregunto si tendría una copia de *La Biblia Kolbrin* y si utilizó esta información cuando escribió sus "visiones" del futuro. El Libro de los Manuscritos continúa:

- **Manuscritos 3:9** Entonces, los hombres se sentirán mal de corazón, buscarán sin saber lo que buscan, y la incertidumbre y las dudas les acosarán. Acumularán grandes fortunas, pero serán pobres de espíritu. Entonces temblarán los Cielos y la Tierra se moverá. Los hombres sentirán pánico, y mientras el terror les acompaña, aparecerán los Mensajeros de la Muerte. Vendrán silenciosamente, como ladrones de tumbas. Los hombres no sabrán quiénes son y serán engañados. LA HORA DEL DESTRUCTOR ESTÁ AL LLEGAR.

- **Manuscritos 3:10** En esos días, los hombres tendrán el Gran Libro ante ellos; el conocimiento será revelado; pocos se reunirán con predisposición; será la hora de la prueba. Sobrevivirán los intrépidos; los valientes no sucumbirán.

- **Manuscritos 4:4** Cuando las aguas saladas se levanten avanzando como un tren descarrilado y los torrentes se dirijan ruidosamente hacia la tierra, incluso los héroes entre los hombres mortales se verán superados por la locura. Como insectos que vuelan rápidamente hacia su destino en la llama, así estos hombres correrán hacia su propia destrucción. Las llamas que les preceden devorarán todo el trabajo de los hombres, las aguas que siguen arrastrarán cuanto quede en pie. El manto de la muerte caerá lentamente, como una alfombra gris sobre una tierra clara. Los hombres llorarán en el desespero de su locura: "¡Oh! Sea lo que sea lo que hay ahí fuera. ¡Sálvanos de este terror! Sálvanos de este manto gris de muerte!"

7

El Aspecto del Verdugo, El Destructor

Uno pensaría que las comunidades aisladas que sobrevivieron a esta terrible experiencia querrían, de algún modo, dejar constancia de un evento de esta magnitud, si acaso, al menos dejar una advertencia para sus futuros descendientes. Sin embargo, su tecnología había sido destruida por completo, así que la única forma en que podían hacerlo era grabando literalmente una señal de este evento en el suelo, utilizando cualquier medio que tuvieran a mano en ese momento.

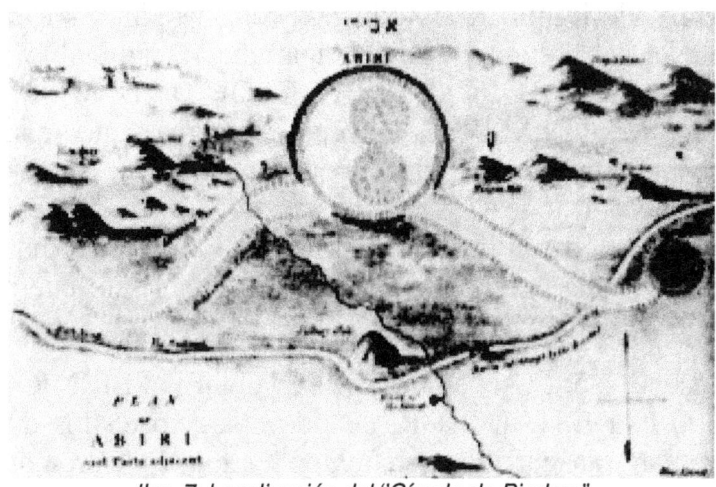

Ilus. 7: Localización del "Círculo de Piedras"

Una de estas señales es el original "círculo de piedras" de Avebury, ubicado en el Reino Unido. Hoy en día, sólo queda un círculo, sin embargo, el "solitario" círculo externo de la pieza original contiene una cola con forma de serpiente que se desplaza por detrás de ello.

Otra es el famoso "Montículo de la Serpiente" en el estado de Ohio, estudiado inicialmente en 1846. El enroscado cuerpo, con forma de serpiente, se prolonga hasta convertirse en una efigie. Quizás estas dos manifestaciones con base en el suelo son el Destructor acompañado por su cometa de cola con forma de serpiente, como se describe en *La Biblia Kolbrin*.

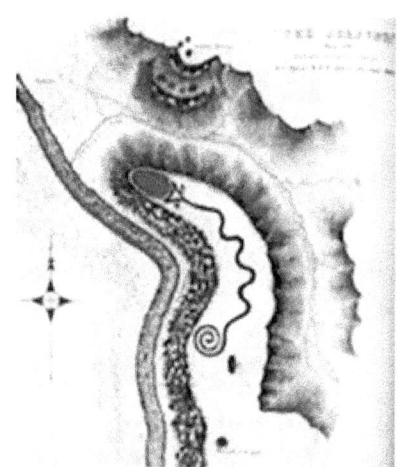

Ilus. 8: "Montículo de la Serpiente" en Ohio (EEUU).

La Biblia Kolbrin: Edición Original Siglo XXI

- **Manuscritos 5:1** El ASPECTO DEL VERDUGO, llamado el DESTRUCTOR, fue visto en todo Egipto, y en todos los confines. Su color era luminoso y ardiente, y de apariencia cambiable e inestable. SE RETORCÍA ALREDEDOR DE SÍ MISMO COMO UNA ESPIRAL. Como el agua que entra burbujeante en una piscina procedente de un surtidor subterráneo. Y todos los hombres estuvieron de acuerdo en que fue la visión más horrible. No era un gran cometa, ni una estrella vagabunda, sino más bien un cuerpo ardiente en llamas.

- **Manuscritos 5:4** Este era el ASPECTO DEL VERDUGO, llamado el DESTRUCTOR, cuando apareció en los días que ya han transcurrido hace tiempo, en una época remota. Por lo tanto, sí que fue descrito en los textos antiguos, de los que restan pocos...

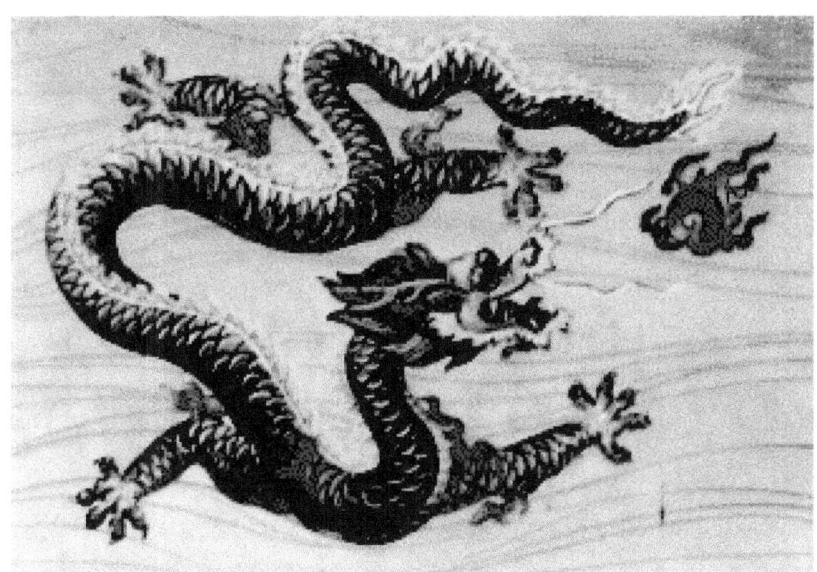

Ilus. 9: Dragón Celestial Chino

Podemos encontrar otro buen ejemplo del Destructor en la mitología China. Los chinos cuentan en su tradición con un dragón celestial persiguiendo una perla roja en las nubes superiores. Esta joya única tiene llamas de fuego que proceden de su ardiente superficie y siempre se mantiene conectada, de algún modo, con el cuerpo del dragón. Para este escritor, no existe duda alguna de que esta historia simboliza al Destructor, como se describe en este versículo de la *Biblia Kolbrin* mencionado a continuación:

> ◢ **Manuscritos 5:5** El VERDUGO es como una bola de fuego dando vueltas que desprende pequeños hijos ardientes a su paso. Ocupa aproximadamente una quinta parte del cielo y deja caer dedos con aspecto de serpiente, retorciéndose sobre la Tierra. Ante ello, el cielo se asusta, se rompe y se esparce lejos. El mediodía no es más luminoso que la noche. Desata toda una serie de acontecimientos horribles. Estas son las cosas que se dijeron del DESTRUCTOR en los tiempos antiguos. Léalos con seriedad, sabiendo que el VERDUGO tiene su hora señalada y que regresará...

8

El Hundimiento de la Atlántida

Mi investigación sugiere que otro nombre para el Destructor de Jeremías fue *Phaeton*. Los antiguos griegos describieron a Phaeton como un cuerpo ardiente parecido al sol y que era mucho más grande que un cometa convencional. Platón fue el primero que popularizó a Phaeton en su obra titulada *Timaeus 22a-23b*. En ella se puede leer que el amigo del bisabuelo de Platón, Solón, hablaba de un sacerdote egipcio que le habló de Phaeton:

> ◢ "Hay una historia, que incluso vosotros habéis preservado, que cuenta que hubo una vez en que PHAETHON… quemó todo cuanto había sobre la Tierra ... Y QUE RETORNA DESPUÉS DE LARGOS INTERVALOS".

> ◢ ... DESPUÉS DEL INTERVALO HABITUAL, CAE LA CORRIENTE DEL CIELO, COMO SI FUERA LA PESTE..."

Platón contó la historia de una gran isla en medio del Océano Atlántico que la furia de Phaeton sumergió para siempre.

¿La Biblia Kolbrin confirma esta leyenda? Dejemos que el lector juzgue por sí mismo.

La Biblia Kolbrin: Edición Original Siglo XXI

⌐ **Manuscritos 1:1** Los escritos de los tiempos antiguos hablan de cosas extrañas y de grandes acontecimientos que tuvieron lugar en los tiempos de nuestros padres, que vivieron en el comienzo de los tiempos. Todos los hombres pueden informarse más acerca de estos tiempos en el Libro de los Tiempos…

⌐ **Manuscritos 1:6** …La gran tierra de Ramakui [La Atlántida] fue la primera en sentir su paso. Situada en el exterior, en el borde de las aguas que la rodeaban.

⌐ **Manuscritos 1:7** Había hombres poderosos en aquellos días [Gigantes], y de su tierra, el Primer Libro nos dice: "Sus hogares se asentaban en pantanos de donde no se elevaba montaña alguna, en tierras de muchas aguas confluyendo lentamente hacia el mar. En las llanas tierras de los lagos, entre el lodo, más allá de la Gran Planicie del Cañaveral. En el lugar de muchas flores adornando plantas y árboles. Donde los árboles habían desarrollado ramas como sogas, que les unía a todos, ya que el suelo no los aguantaría. Había mariposas como pájaros [¿Anisopteras o libélulas gigantes?] y arañas tan grandes como los brazos estirados de un hombre. Los pájaros del cielo y los peces de las aguas tenían tales coloridos que deslumbraban y atraían a los hombres a su destrucción. Incluso los insectos se alimentaban de la carne de los hombres".

⌐ Había elefantes en gran número, con poderosos colmillos curvos. [¿Mastodontes o Mamuts? Cabe señalar aquí que en los años 30, Edgar Cayce, el profeta Americano, afirmó en su sueño que los Mastodontes convivieron con el hombre durante la Época de la Atlántida—GJ].

⌐ **Manuscritos 1:8** Los pilares del Inframundo eran inestables. EN UNA GRAN NOCHE DE DESTRUCCIÓN, LA TIERRA CAYÓ EN UN ABISMO Y SE PERDIÓ PARA SIEMPRE. Cuando llegó la luz a la

Tierra, al día siguiente, el hombre vio hombres que habían enloquecido.

⊿ **Manuscritos 1:9** Todo había desaparecido. Los hombres se vistieron con pieles de animales y fueron comidos por bestias salvajes, seres con dientes rechinantes los usaron como alimento [En otras palabras, el hombre convivió con los dinosaurios.—GJ] Una gran horda de ratas lo devoró todo, por lo que el hombre moría de hambre. Los Comedores de Cerebros cazaron a los hombres y los mataron [¿serían *Pterodactylus*?].

⊿ **Manuscritos 1:10** Los niños vagaron por las planicies como bestias salvajes, porque los hombres y las mujeres se habían visto afectados por una enfermedad que transmitieron a los niños. Una enfermedad cubrió sus cuerpos, que se hincharon y explotaron, mientras las llamas consumían sus vientres. Cada hombre con un problema de descendencia y cada mujer con un flujo de sangre, murieron.

⊿ **Manuscritos 1:11** Los niños crecieron sin educación y, sin conocimiento, adoptaron caminos y creencias distintos. Se dividieron según sus idiomas.

⊿ **Manuscritos 1:12** Ésta fue la tierra de la que una vez procedió el hombre…Ramakui [o la Atlántida—GJ].

La Biblia Kolbrin ofrece una descripción excelente de la Atlántida y de su tecnología.

La Biblia Kolbrin: Edición Original Siglo XXI

⊿ **Manuscritos 1:16** En Ramakui había una gran ciudad con carreteras y canales navegables, y los campos estaban delimitados con paredes de piedra y [agua circular] canales. En el centro de la tierra se encontraba la gran parte superior plana de la montaña de Dios.

⊿ **Manuscritos 1:17** La ciudad tenía paredes de piedra y estaba decorada con piedras rojas y negras, con conchas y plumas. Había pesadas piedras verdes en la tierra y piedras modeladas en verde, negro y marrón. Había piedras de distintos materiales que los hombres tallaban como ornamento, piedras que se fundían para hacer obras creativas.

◢ **Manuscritos 1:18** Construyeron muros de cristal negro y los delimitaron con cristal mediante el fuego. Utilizaron un fuego extraño procedente del Inframundo pero que estaba algo alejado de ellos, y el viciado aire de la respiración de los condenados apareció entre ellos.

◢ **Manuscritos 1:19** HICIERON REFLECTORES DE OJOS DE PIEDRAS DE CRISTAL…

◢ **Manuscritos 31:10** Este era el aspecto del desastre [Atlante], tal y como se describe en el Libro de los Principios: "Había fisuras en la tierra por las que salían vapores malignos que avanzaron como una niebla; descendiendo sobre las personas. Se extendieron como un manto y cubrieron toda la faz de la tierra. Las personas dejaron de hablar y quedaron enmudecidas por el miedo. El suelo bajo sus pies tembló y aparecieron grandes llamaradas de fuego. Toda la tierra se movió y meció como una ola del océano. Conforme subía y caía, gemía y se sacudía, los fuegos que ardían por debajo entraron en erupción para encontrarse con rayos que caían del Cielo."

◢ **Manuscritos 31:11** 11 Una densa nube negra de humo cubrió la tierra y los hombres se vieron cubiertos por el polvo [del Destructor]. Mientras al atardecer el sol descansaba en el horizonte, apenas podía vislumbrarse bajo la nube como una bola roja ardiente. Cuando se marchó, prevaleció una oscuridad densa y gris, iluminada únicamente por numerosos e intensos rayos. Las aguas golpearon la tierra con fuerza, limpiándola. Las planicies y ciudades se vieron cubiertas y se FORMARON NUEVAS COSTAS ALREDEDOR DE LAS MONTAÑAS. Las aguas se elevaron hasta que todo lo que se movía y estaba vivo estuvo cubierto, la tierra se vio sumergida. Sólo los picos de las montañas permanecieron por encima del elevado torrente. Soplaron torbellinos que trajeron vientos fríos y que eliminaron el polvo y los escombros. Se formaron bancos de lodo y la boca de una montaña permaneció abierta para seguir escupiendo vapores repugnantes. DURANTE UNA LARGA NOCHE HORRIBLE, LA DEVASTADA TIERRA SE VIO SEPARADA, Y LA PARTE SUR SE HUNDIÓ DESAPARECIENDO PARA SIEMPRE.

◢ **Creación 4:10** Las montañas del Este y del Oeste se vieron separadas y se levantaron en mitad de las aguas encolerizadas. La Región septentrional se inclinó y se giró sobre su lado. [¿Será este el proceso geológico de la rápida formación de una montaña?—GJ]

◢ **Creación 4:11** Entonces, de nuevo, el tumulto y el clamor cesaron y todo quedó en silencio. En la quietud se desató la locura entre los hombres, el frenesí y el desenfreno llenaron el aire. Cayeron los unos sobre los otros en un derramamiento de sangre sin sentido; no perdonaron mujeres ni niños, ya que no sabían lo que hacían. Iban ciegos, encaminados hacia la destrucción. Huyeron para refugiarse en cuevas, y se vieron sepultados; se refugiaron en los árboles, y fueron colgados. Hubo violaciones, asesinatos y todo tipo de violencia.

◢ **Creación 4:12** El diluvio de las aguas retrocedió y la tierra quedó purgada y limpia. Llovía de forma incesante y había fuertes vientos. Las crecientes aguas aplastaron la tierra y el hombre, sus rebaños, jardines, y toda su obra, dejaron de existir.

◢ **Creación 4:13** Algunas personas se salvaron en las laderas de las montañas y flotando sobre los restos de naufragios, pero se vieron dispersadas por la faz de la Tierra. Lucharon por sobrevivir en las tierras de gente bárbara. En medio del frío, sobrevivieron en cuevas y en lugares protegidos.

⊿ **Creación 4:14** La Tierra de las PERSONAS PEQUEÑAS y la Tierra de los GIGANTES, la Tierra de LOS SIN CUELLO y la Tierra de las Marismas y Nieblas, las Tierras del Este y del Oeste, todas se vieron inundadas...

En base a esto, parece que el aspecto físico de las personas era completamente diferente justo antes del hundimiento de la Atlántida.

La teósofa Helena Blavatsky, una investigadora de filosofía esotérica del siglo XIX, escribió extensamente sobre el continente perdido de la Atlántida, y en 1882 uno de sus profesores contactó con uno de sus compañeros, el teósofo A.P. Sinnett, destacando que la última parte de la Atlántida se hundió en el año 9565 A.C. De hecho, una fecha muy señalada.

Entonces, he aquí que en 1995 dos investigadores llamados D. S. Allan y J. B. Delair, especializados en paleogeografía y cartografía, publicaron un libro titulado: *Cuando la Tierra Casi Murió, Pruebas Irrefutables de un Cambio Catastrófico del Mundo. 9500 A.C.*

Concluyeron que un cuerpo celestial entró en nuestro sistema solar en nuestro distante pasado causando estragos en la Tierra y denominaron este evento como "el desastre de Phaeton." ¡El mismo término que utilizó el mismísimo Platón! Allan y Delair escribieron:

⊿ "Cualquier intruso celestial llegado de regiones cósmicas remotas tendería a encontrarse, o a pasar cerca, únicamente de los planetas más cercanos a su línea de desplazamiento en ese momento concreto..." (Página 198.)

⊿ "...Phaeton en la antigüedad, en términos generales fue conceptuado como un cuerpo ardiente, brillante, redondo, de un tamaño considerable, y MUCHO MÁS PARECIDO A UNA ESTRELLA O A UN SOL que los cometas convencionales; y se consideró que, de algún modo, había causado el Diluvio." (Página 212.)

Derivado totalmente de la ciencia, ¡la fecha 9500 A.C. de Allan y de Delair sólo se encontraba a 65 años del año aportado por el profesor de Teosofía más de un siglo antes!

Esta es una prueba muy fehaciente de que el trabajo de Blavatsky es cierto, aunque Allan y Delair se quedaron cortos al decir que Phaeton era un objeto con forma de planeta cíclico. Phaeton es cíclico, y en su libro *La Doctrina Secreta, Vol. 2* ©1888, Helena Blavatsky nos facilita las pistas que indican que este inusual cuerpo planetario regresa:

- "... PHAETON, en su deseo de aprender la verdad *oculta*, HIZO QUE EL SOL SE DESVIARA DE SU CURSO HABITUAL ..."

- "...LA NATURALEZA SE VIO ALTERADA DURANTE EL PERÍODO DEL DILUVIO UNIVERSAL... En aquellos días también, durante los años anteriores al gran Diluvio que se LLEVÓ A LOS ATLANTES y cambió la faz de toda la tierra, porque "LA *TIERRA SE INCLINÓ* (SOBRE SU EJE)...."

- "Y ahora la pregunta obvia. ¿Quién pudo haber informado [Henoc] de esta poderosa visión ... de que LA TIERRA DE VEZ EN CUANDO SE PODÍA INCLINAR SOBRE SU EJE?" Páginas 533-535.

¿Acaso Blavatsky estaba dando a entender que, de vez en cuando, Phaeton podía inclinar el eje de la Tierra causando grandes diluvios? ¡Sí!

La Biblia Kolbrin: Edición Original Siglo XXI

- **Manuscritos 33:2** ...LOS DÍAS DE LOS AÑOS SE ACORTARON Y LOS TIEMPOS DE TODAS LAS COSAS SE VIERON ALTERADOS. LAS ESTACIONES CAMBIARON, de forma que las semillas se pudrieron en el suelo y no florecieron brotes verdes para saludar al día. Todos los capullos se marchitaron en las viñas, la tierra yacía muerta bajo su manto gris. La luna cambió el orden de sus caminos y el sol se impuso a sí mismo un nuevo curso, de forma que los hombres no sabían dónde se encontraban y todos se vieron afectados. Las estrellas nadaron en una nueva dirección y el orden de todas las cosas fue cambiado...

⌐ **Manuscritos 33:5** ...LAS ESTRELLAS SE HAN DESPLAZADO A NUEVAS POSICIONES EN CUATRO OCASIONES y el sol ha cambiado [parece que ha cambiado] la dirección de su desplazamiento en dos ocasiones. EL DESTRUCTOR HA DEVASTADO LA TIERRA EN DOS OCASIONES y en tres ocasiones se han abierto y se han cerrado los cielos. En dos ocasiones se ha visto azotada la tierra por el agua.

Se pueden interpretar estos pasajes afirmando que en el pasado distante de la humanidad se han producido al menos cuatro reversos de los polos en la Tierra, uno de ellos causando la desaparición de la Atlántida. Sí, es muy probable que *Phaeton* sea el Destructor, nuestro intruso celestial que provoca el reverso de los polos, de naturaleza cíclica, y traído por la misma Estrella Oscura.

9

La Inundación de Noé

Este escritor nunca había leído nada parecido a la descripción de *La Biblia Kolbrin* sobre el Diluvio. Los nuevos detalles convincentes aparecen en "Libro de los Pasajes", que sin lugar a dudas serán satisfactorios para cumplir el deseo de cualquiera que quiera más información sobre la Inundación y sobre lo que la causó, con una versión más "comprensible" que la que ofrece la *Sagrada Biblia*.

La Biblia Kolbrin: Edición Original Siglo XXI

- **Pasajes 4:1** Está escrito en El Gran Libro de los Halcones de Fuego, que la TIERRA FUE DESTRUIDA EN DOS OCASIONES, EN UNA OCASIÓN EN CONJUNTO POR EL FUEGO Y UNA VEZ PARCIALMENTE POR EL AGUA. LA DESTRUCCIÓN POR AGUA FUE MENOS DESTRUCTIVA Y LLEGÓ DE LA MANERA SIGUIENTE.

- **Pasajes 4:13** Un día, desplazados desde muy lejos, llegaron tres hombres de Ardis, su país se había visto destrozado por la explosión de una montaña [erupción volcánica]. Eran adoradores de Un Sólo Dios cuya luz brilla dentro de los hombres, y cuando vivieron en las dos ciudades durante un tiempo, se vieron conmocionados por las cosas que vieron, por lo que llamaron a Su Dios para que viera todas estas cosas horribles. Su Dios dejó caer una maldición sobre los hombres de las ciudades, Y LLEGÓ UNA EXTRAÑA LUZ Y UNA NIEBLA AHUMADA que se agarró a las gargantas de los hombres. Todas las cosas quedaron en silencio e inquietas, hubo extrañas nubes en los cielos y las noches quedaron colgadas con pesadez...

⊿ **Pasajes 4:16** Entonces, los hombres sabios fueron a Sharepik, ahora llamado Sarapesh, y le dijeron a Sisuda, el Rey: "¡Mirad que los años se han acortado y la hora del juicio se acerca! LA SOMBRA DE LA MUERTE SE ACERCA a esta tierra debido a su crueldad; sin embargo, debido a que tu no te has mezclado con los malvados, serás apartado y no perecerás, de forma que tu descendencia podrá preservarse". Entonces el rey mandó llamar a Hanok, [noaH(k)] hijo de Hogaretur, y salió de Ardis, ya que allí escuchó una voz entre las cañas diciendo: "Abandona tu morada y posesiones, porque la HORA DE LA MUERTE ESTÁ AL LLEGAR; y ni el oro ni los tesoros pueden comprar un indulto".

⊿ **Pasajes 4:17** Entonces, Hanok fue a las ciudades y les dijo a los gobernantes: "¡Mirad! Iría al mar y construiría un gran barco, uno en el que pueda llevarme a mi gente. Conmigo vendrán los que les molestan y se llevarán lo que les causa preocupación; por lo que serán dejados en paz para su propio disfrute". Los gobernantes dijeron: "Baja al mar y construye tu barco allí. Está bien. Vas con nuestra bendición". Pero Hanok respondió: "Se me ha dicho en un sueño que el barco debe construirse en las montañas, y que el mar se elevará hacia mí". Cuando se hubo marchado, dijeron de él que estaba loco. Las personas se burlaron de él, llamándole el Comandante del Mar, pero eso no le afectó, sino que se concentró aún más en su proyecto. Finalmente, hubo un gran barco bajo el mando de Hanok, hijo de Hogaretur, de Sisuda, rey de Sarapesh, cuyas riquezas financiaron la construcción del navío.

⊿ **Pasajes 4:18** …La longitud del gran barco fue de trescientos codos y su anchura de cincuenta codos, y se remató por encima de un codo. Tenía tres plantas, que fueron construidas sin descanso.

⊿ **Pasajes 4:19** La parte más baja fue para las bestias, el ganado y su forraje, y se dispuso sobre arena de río. La parte media fue para los pájaros y las aves, para las plantas de todo tipo que eran buenas para los hombres y para las bestias, y la parte más alta fue para las personas. Cada planta estaba dividida en dos, de forma que había seis plantas debajo y una arriba, y fueron divididas en siete particiones. En ellas había cisternas para el agua y almacenes para la comida, y fue construida con madera de askara, que es resistente al agua y en la que no crían los gusanos. Cabecéo dentro y fuera, y las cisternas fueron alineadas. Las tablas se afilaron y las juntas se unieron con pelo y aceite. SE COLGARON GRANDES PIEDRAS CON CUERDAS de cuero trenzado, y el barco no tenía mástil ni remos. No tenía postes ni aperturas, excepto por una trampilla bajo los aleros por donde entraron todas las cosas. La trampilla se aseguró con grandes vigas.

⊿ **Pasajes 4:20** Dentro del gran barco, transportaron semillas de todas las cosas vivas; el grano se colocó en cestas y muchos animales y ovejas fueron sacrificados por la carne que era ahumada con fuego. También llevaban todo tipo de bestias de campo y bestias salvajes, pájaros y aves, y todas las criaturas que se arrastran. También oro y plata, metales y piedras.

⊿ **Pasajes 4:21** Las personas de los llanos se acercaron para ver esta maravilla, incluso los Hijos de Nezirah se encontraban entre ellos, y se burlaban cada día de los constructores del gran barco; pero éstos no se vieron intimidados y trabajaban con mayor intensidad en su tarea. Les dijeron a los que se reían de ellos: "Disfrutad de vuestro momento, porque el nuestro seguro que llegará".

◢ **Pasajes 4:22** En el día señalado, los que tenían que ir en el gran barco se marcharon de sus casas y de su campamento. Besaron las piedras y abrazaron los árboles, y recogieron un puñado de tierra, ya que no verían nada más de esto. Cargaron el gran barco con sus pertenencias y todo el forraje se fue con ellos. Pusieron la cabeza de un carnero sobre la escotilla, derramando sangre, leche, miel y cerveza. Golpeándose el pecho, llorando y lamentándose, las personas entraron en el gran barco y cerraron la escotilla, quedando seguros en su interior.

◢ **Pasajes 4:23** El rey había entrado con los de su sangre, catorce en total, ya que estaba prohibido que su familia fuera en el barco. De todas las personas que entraron con él, dos conocían las formas del sol y de la luna, y las formas del año y de las estaciones. Una sabía sobre la extracción de las piedras, otra sabía hacer ladrillos y otra hacer ejes y armas. Una sabía tocar instrumentos musicales, una hacer pan, una trabajar con cerámica, otra cuidar de jardines y otra esculpir la piedra y la madera. Una sabía hacer tejados, otra trabajar con madera, otra hacer queso y mantequilla. Otra sabía sobre el cuidado de las plantas y los árboles, otra tenía conocimientos sobre los arados, una sabía tejer telas y hacer tintes, y una sabía hacer cerveza. Otra sabía podar y cortar árboles, otra hacer carros, una sabía bailar, otra conocía los misterios de los escribas, una sabía construir casas y trabajar con cuero. Había una que sabía trabajar el cedro y otro tipo de madera, y era cazador, alguien que conocía la astucia de los juegos y del circo, y era un guardián. Había un inspector de agua y de paredes, un magistrado y un capitán...

◢ **Pasajes 4:24** Entonces, con el amanecer, los hombres vieron una visión impresionante. Ahí, cabalgando sobre una gran nube negra rodante, apareció el DESTRUCTOR, llegado recientemente desde los confines del cielo, y ella descargó su ira sobre los Cielos, pues era el día de su juicio. LA BESTIA ABRIÓ SU BOCA Y ESCUPIÓ FUEGO Y PIEDRAS INCANDESCENTES Y UN HUMO MALIGNO. [Nuevamente, este último versículo implica que se ven dos objetos celestiales desde la superficie de la Tierra durante el sobrevuelo. Los objetos consisten en la Bestia (el Destructor) y la Dama (Nuestra Hermana Oscura) situada mucho más lejos. (Ver ilustración número 10). Cubrió todo el cielo de arriba y el lugar donde se encuentran la Tierra y el Cielo ya no se pudo ver más. Por la noche, las estrellas cambiaron de sitio, se desplazaron por el cielo a nuevas ubicaciones [que es lo que sucede cuando se produce un Reverso de los Polos], entonces llegaron las inundaciones. [Nuevamente, esto implica que se ven dos objetos celestiales desde la superficie de la Tierra durante el sobrevuelo] ...

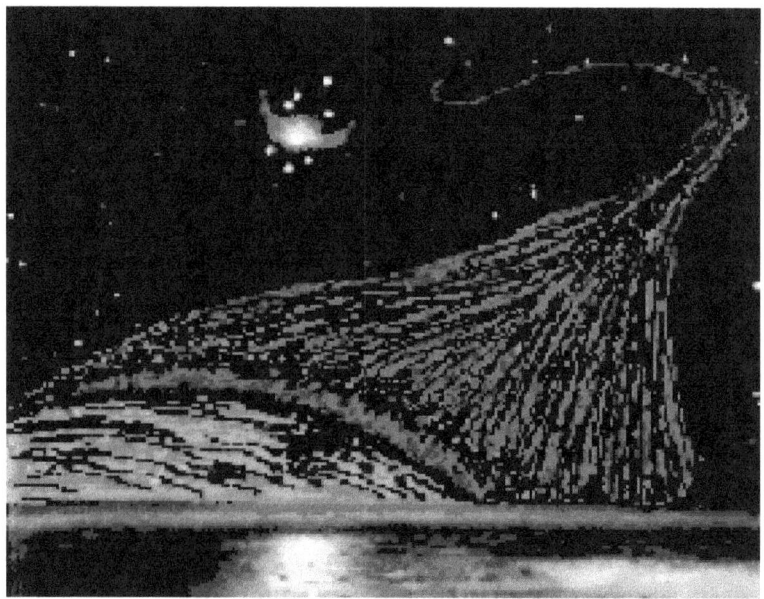

Ilus. 10: El Destructor y la Hermana Oscura

⬦ **Pasajes 4:27** Los que no habían trabajado en la construcción del gran barco y los que se habían burlado de sus constructores, llegaron rápidamente al lugar donde se encontraba. Se subieron sobre el barco y lo golpearon con sus manos; estaban rabiosos y suplicaron, pero no pudieron entrar en él, ni pudieron romper la madera. Conforme el gran barco fue levantado por las aguas, roló y cayeron arrastrados de él, pues no había donde agarrarse. El barco se vio izado por la elevación de las aguas y avanzó entre los escombros, pero no fue golpeado contra las montañas debido al lugar donde había sido construido. Todas las personas que no se resguardaron dentro del barco se vieron inmersas en una furiosa confusión, y su maldad y corrupción fue purgada de la faz de la Tierra.

⌐ **Pasajes 4:28** Las elevadas aguas alcanzaron las cimas de las montañas y cubrieron los valles. No subieron como el agua que va cubriendo un recipiente, sino que llegaron en forma de grandes torrentes crecientes; pero cuando la agitación se aquietó y las aguas se detuvieron, no alcanzaban más de tres codos sobre la Tierra. El DESTRUCTOR se alejó en las profundidades del Cielo y la gran inundación permaneció durante siete días, disminuyendo día tras día conforme las aguas retrocedían a sus lugares. Entonces, las aguas se movieron con calma y el gran barco fue a la deriva entre una espuma marrón y todo tipo de escombros.

⌐ **Pasajes 4:29** Después de muchos días, el gran barco se detuvo en Kardo, en las montañas de Ashtar, para descansar junto a Nishim, en La Tierra de Dios.

Un dato importante que procede de la descripción del Diluvio en la *La Biblia Kolbrin* es el hecho de que antes de la Inundación, Noé tomó medidas para preservar el conocimiento e información de su "época".

Parece que en la actualidad se está planificando algo similar. Como se ha mencionado anteriormente, un grupo clandestino "con conocimiento de causa", está llevando a cabo un gran esfuerzo para preservar la información y sabiduría de nuestra época y para asegurarse que sobrevivirá a la próxima visita del Destructor.

Estos esfuerzos están bien documentados en el libro *"Pronóstico del Planeta X y Guía de Supervivencia al 2012"* por Jacco van der Worp, Marshall Masters y Janice Manning. (Your Own World Books, noviembre de 2007.)

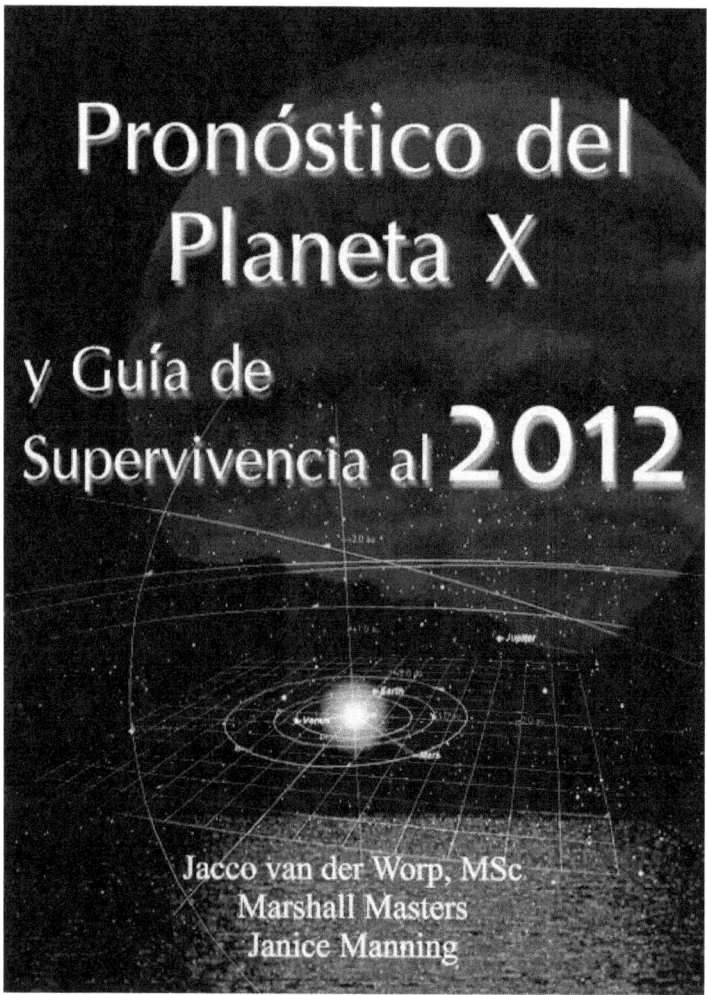

Ilus.11: Pronóstico del Planeta X y Guía de Supervivencia al 2012

10

La historia de la Inundación en la Tradición Celta

Profundamente arraigados en la antigua tradición y folclore Celtas, el libro *Textos Celtas del Coelbook* (los últimos 5 libros de *La Biblia Kolbrin*) tiene una personalidad mística propia, que recuerda a J. R. R. Tolkien.

Esto hace que uno se pregunte: "¿Podría Tolkien haber tenido una copia de *La Biblia Kolbrin* a su lado cuando escribió la trilogía de *El Señor de los Anillos*?

Esta pregunta no está mal encaminada, porque Tolkien escribió sobre las "eras" de tierra-media. En la tradición Celta, las eras comenzaban y concluían cuando aparecía un misterioso objeto en el cielo llamado "El Dragón de la Muerte" o "El Carro de la Luna" Profundicemos un poco en ello:

La Biblia Kolbrin: Edición Original Siglo XXI

- **Orígenes 3:9** Fueron los Cultivadores de las Tierras Salvajes los que contaron la historia de la inundación a nuestros antepasados constructores de la vivienda, pero la generación en la que tuvieron lugar los hechos ya se ha perdido. En aquellos tiempos, los hombres estaban predispuestos hacia la paz, y la cosecha seguía al invierno sin cambio alguno; pero sucedió que mirando al oscuro cielo nocturno vieron un extraño CARRO DE LA LUNA sobre sus cabezas. Desapareció bajo la rosada aurora de un nuevo día recién nacido, pero entonces, por la noche, apareció la espantosa figura de Awamkored revelándose a los ojos de los sorprendidos hombres. Apareció saliendo hacia el resplandor.

⌐ **Orígenes 3:10** …Los rápidos latidos de los corazones de los hombres, ante aquella visión tan aterradora, en primer lugar se encogieron con desesperación, después se recuperaron mientras sus gargantas respondían con gritos de alegría conforme regresaba el CARRO DE LA LUNA sobre el atenuado horizonte...

⌐ **Orígenes 3:12** El sobrenatural enemigo del hombre se rompió en pedazos y arrojó rocas de creación propia a cada uno, y los que lo observaban desde abajo se apresuraron en buscar refugio mientras gritaban horrorizados por lo que les caía del cielo. La propia Tierra, por sí misma inamovible, enfermó de miedo y sus entrañas se revolvieron con espanto. Su ombligo tembló ante esta visión tan horrible. Los hombres, mirando con preocupación a su señor el Sol, se vieron consternados al ver su constante cambio de colores, del rojo al azul, después a amarillo, verde y marrón.

⌐ **Orígenes 3:15** Esta es la historia del combate en el cielo [El celestial "Guerra en el Cielo" del Libro de las Revelaciones]. Pero nadie sabe con certeza si sucedió antes o después de la generación de Hestabel y de la historia de la inundación. Se refiere al DRAGÓN DE LA MUERTE [El Destructor] que ha venido en más de una ocasión y que VENDRÁ DE NUEVO, y la última música que escuchará la humanidad serán las estridentes notas vibrantes de la Canción de la Muerte.

⊿ **Orígenes 3:19** Llegó el día en que la durmiente Tierra despertó a un gran silencio y quietud, ni un soplo de aire agitaba los árboles, ningún pájaro dejó su rama y todos los animales quedaron quietos en sus guaridas o en el campo. Todo estaba callado y sin movimiento, a la expectativa. Entonces, el inmenso sol trajo vientos que agitaron los árboles y dieron color a la hierba, dando vida, pero todas las criaturas vivientes se acurrucaron bien juntas. El cielo estaba oscurecido y más bajo, tenía un color rudo y emitía sonidos agudos y fuertes crujidos, como si fuera a romperse en mil pedazos, con algún que otro estridente y prolongado llanto. En procesiones terribles, dioses del cielo con aspecto terrible, nunca antes vistos, pasaron por encima de ellos. Los hombres vivieron dos días de terror, sin saber lo que podría acontecer, durante los que no hubo una noche verdadera, con un sobrevuelo sobrecogedor tras otro desfilando ante sus horrorizados ojos.

⊿ **Orígenes 3:20** Cuando llegó la oscuridad, no fue la oscuridad nocturna y tranquila que calma a los hombres cansados por el trabajo, meciéndolos en un sueño reparador. Por el contrario, fue la oscuridad conocida como el asfixiante manto de Thunor, si bien nunca antes se había extendido tanto...

⊿ **Orígenes 3:21** Una inmensa [celestial] nube negra fue dibujada como una cortina en el cielo, extendiéndose de un horizonte a otro. Por encima de ella había extrañas olas de llamas y humo, aunque lo que el fuego consumió ni siquiera se puede suponer... Entonces todas las cosas dejaron de moverse, todo se tornó silencioso y quieto, un silencio pesado, enfermizo y melancólico. El silencio del miedo.

⊿ **Orígenes 3:22** Entonces, con una rapidez terrible, llegó una gran pared oscura de agua, aguas con un filo blanco de fango, barriendo rápidamente con temor irresistible. Ya venían arrastrando de todo, como una escoba que barre el suelo, y acompañándolas venía un apunte, que hacía tiempo estaba en la memoria. Detrás de ella, sobre las aguas en ebullición, todos los frutos de la tierra, escombros de casas, árboles, animales y humanos muertos flotaban entre las aguas salvajes. Había una capa de espuma de color marrón terroso que flotaba extrañamente a la deriva sobre la superficie, sin hundirse, si bien no era como el petróleo, pues era granulosa, irregular, y estaba pegada, como la espuma en una bañera de batán.

◢ **Orígenes 3:23** Cayó una gran lluvia torrencial que cesó después de siete días... Estuvieron sobre las empapadas laderas de las montañas y vieron grandes árboles, como nunca antes habían visto, pasar flotando... Los elevados océanos pasaron a toda velocidad entre las altas montañas como grandes mareas de agua sucia. De pie, en las cimas de las colinas, nuestros asustados antepasados vieron la casa flotante, construida contra reloj para enfrentarse al mar, llegar a tierra, y de ella salieron hombres y animales de Tirfola.

11

El Éxodo, Desencadenado Por El Destructor

Todos sabemos que "la Pascua" es una fiesta de pan ácimo que conmemora el éxodo de los israelitas de Egipto, ¿no es cierto? Bueno, pues he aquí otra posibilidad.

Según *La Biblia Kolbrin*, el Destructor apareció sobre Egipto poco antes de que los israelitas partieran hacia la libertad. Por lo tanto, podría decirse que el Destructor pasó literalmente sobre las cabezas de los esclavos mientras huían atravesando el mar Rojo.

¿Es este el significado real? Tenga en cuenta esta pregunta mientras examina detenidamente la historia del Éxodo de los egipcios:

La Biblia Kolbrin: Edición Original Siglo XXI

- **Manuscritos 6:1** LOS SOMBRÍOS DÍAS COMENZARON CON LA ÚLTIMA VISITA DEL DESTRUCTOR y fueron precedidos por extraños presagios en los cielos. Todos los hombres estaban callados y tenían las caras pálidas.

⊿ **Manuscritos 6:3** Fueron días de una calma siniestra, cuando las personas permanecían expectantes, aunque sin saber lo que estaban esperando. Se presentía un destino desconocido, los corazones de los hombres estaban encogidos. Ya no se escuchaban risas, y el sonido del dolor y de las lamentaciones se escuchaba por toda la tierra. Incluso las voces de los niños se habían callado y ya no jugaban juntos, sino que permanecían en silencio.

⊿ **Manuscritos 6:5** Los días de tranquilidad fueron seguidos por un tiempo en el que se escucharon estridentes sonidos de trompetas en los Cielos, y las personas se asustaron como animales sin su pastor, como las presas cuando los leones merodean a su alrededor.

⊿ **Manuscritos 6:6** La gente habló del dios de los esclavos, y los hombres imprudentes dijeron: "Si supiéramos dónde encontrar a este dios, lo sacrificaríamos". Pero el dios de los esclavos no estaba entre ellos. No podía encontrarse en los pantanos. Se había manifestado en los Cielos para que lo vieran todos los hombres, pero no comprendieron lo que vieron...

⊿ **Manuscritos 6:11** Nubes de polvo y humo oscurecieron el cielo y tiñeron las aguas en las que cayeron con una tonalidad sangrienta. Se extendieron plagas por toda la tierra. El río estaba sangriento y había sangre por todas partes [ceniza roja mezclada con agua]. El agua estaba repugnante y los estómagos de los hombres se encogieron por beberla. Los que la habían bebido, vomitaban, pues estaba contaminada.

⊿ **Manuscritos 6:12** El polvo causó heridas en la piel de los hombres y de los animales. Durante el resplandor del DESTRUCTOR, la Tierra tenía un tono rojizo. Los insectos proliferaron y llenaron el aire y la faz de la Tierra con repugnancia. Los animales salvajes, afligidos por las tormentas, bajo el azote de la arena y cenizas, salieron de sus guaridas en los pantanos y cuevas, y acecharon las moradas de los hombres. Todos los animales mansos gimieron y la tierra se llenó con los gritos de los corderos y los gemidos del ganado.

⊿ **Manuscritos 6:13** Los árboles, en todas las tierras, se vieron destruidos y no pudo encontrarse hierba ni fruta. LA FAZ DE LA TIERRA SE VIO AZOTADA Y DEVASTADA POR UN GRANIZO DE ROCAS QUE APLASTARON CUANTO ENCONTRARON EN SU CAMINO. Cayeron como duchas de agua caliente y, a su paso, fluyeron extraños ríos de llamas por el suelo.

Allan y Delair en su libro, *Cuando la Tierra Casi Murió, Pruebas Irrefutables de un Cambio Catastrófico del Mundo. 9500 A.C.,* confirman el "granizo de rocas" de la *Biblia Kolbrin*, arriba mencionado, al escribir lo siguiente:

⊿ " ... Los judíos le dicen al hierro "nechoshet". Literalmente significa "excrementos de la serpiente'. Se trata de un término sin sentido hasta que hacemos memoria y vemos que, en la tradición judía, la "serpiente" era otro nombre para Satanás ..."

⊿ " ... Resulta relevante que la palabra en el antiguo griego para hierro era *sideros*: esto, al combinarlo con la obviamente relacionada palabra del Latín para estrella, *sidus* (genitivo: *sideris*, plural: *sidera*), como "ESTRELLA DE HIERRO", da un nuevo significado al concepto de un gran objeto parcialmente metalífero...

⊿ "El tema común a todas estas tradiciones antiguas se concentra en el hecho de que todas estas caídas de... elementos parecidos a meteoritos [grava] inextricablemente formaron parte de una visita cósmica terrible que casi destruyó la Tierra hace mucho tiempo..." Página 201.

La historia del Éxodo de Egipto continúa en el Libro de los Manuscritos:

La Biblia Kolbrin: Edición Original Siglo XXI

◢ **Manuscritos 6:14** Los peces de los ríos murieron en las contaminadas aguas; gusanos, insectos y reptiles surgieron de la Tierra en grandes cantidades. Intensas ráfagas de viento trajeron enjambres de langostas que cubrieron el cielo. Cuando el DESTRUCTOR cayó de los Cielos, levantó grandes ráfagas de cenizas por toda la faz de la tierra. La penumbra de una noche larga extendió un manto oscuro de negrura que extinguió cada rayo de luz. Nadie supo cuándo era de día y cuándo de noche, pues el sol no proyectaba sombra alguna.

◢ **Manuscritos 6:15** La oscuridad no era una negrura limpia de noche, sino una negrura densa en la que los hombres no podían respirar. Los hombres estaban sin aliento, en una nube caliente de vapor que envolvía toda la tierra y apagaba todas las lámparas y fuegos. Los hombres estaban entumecidos y yacían gimiendo en sus camas. No hablaban entre ellos ni comían, pues se sentían sobrecogidos por la desesperación. Los barcos se vieron arrastrados de sus amarres y destruidos en grandes remolinos. Eran tiempos de ruina.

◢ **Manuscritos 6:16** La Tierra se volvió [durante el reverso de los polos], como arcilla que gira en un torno de alfarero. Toda la tierra se vio envuelta por el alboroto de los truenos del DESTRUCTOR y el llanto de la gente, con el sonido de los gemidos y lamentos por todas partes. La Tierra vomitó a sus muertos, sus cuerpos se vieron arrojados de sus lugares de descanso y los embalsamados se vieron revelados a la vista de todos los hombres. Las mujeres embarazadas abortaron y los hombres dejaron de ser fértiles.

◢ **Manuscritos 6:19** Durante la gran noche de la cólera del DESTRUCTOR, cuando más terror causaba, hubo granizo de rocas y la Tierra se retorcía por el dolor que sentía en sus entrañas. Puertas, columnas y paredes se vieron consumidas por el fuego y las estatuas de los dioses cayeron y se rompieron. Presos del pánico, la gente se precipitaba al exterior de sus moradas y se vieron golpeados por el granizo. Los que se refugiaron del granizo se vieron tragados por la Tierra cuando ésta se abrió.

◢ **Manuscritos 6:21** La tierra se retorció bajo la cólera del DESTRUCTOR y gimió con la agonía de Egipto. Se zarandeó a sí misma y los templos y palacios de los nobles se cayeron de sus cimientos. Los nobles perecieron en las ruinas y toda la fuerza de la tierra se vio afectada. Incluso el más grande, el primer nacido del Faraón, murió con los nobles en medio del terror y de la lluvia de rocas. Los hijos de los príncipes fueron desterrados a las calles y los que no lo fueron, murieron en sus moradas.

◢ **Manuscritos 6:22** Hubo nueve días de oscuridad y agitación, mientras una tempestad azotó como nunca antes se había conocido. Cuando cesó, los hermanos enterraron a sus hermanos por todas las tierras. Los hombres se sublevaron contra las autoridades y abandonaron las ciudades para vivir en tiendas de campaña en las afueras.

◢ **Manuscritos 6:24** Los esclavos perdonados por el DESTRUCTOR abandonaron inmediatamente la tierra maldita. Su multitud se desplazó durante la penumbra de un medio amanecer, bajo el manto de un remolino de fina ceniza gris, dejando atrás los campos quemados y las ciudades destrozadas. Muchos egipcios se unieron a la multitud, pues uno que era grande les guiaba hacia delante, un sacerdote príncipe del pueblo egipcio. [Este príncipe era Moisés,GJ].

◢ **Manuscritos 6:25** El fuego se avivó con virulencia y su quema cesó con los enemigos de Egipto. Subía desde el suelo como una fuente y colgaba del cielo como una cortina.

◢ **Manuscritos 6:26** En siete días, por Remwar, los malditos viajaron hacia las aguas. Cruzaron el agitado desierto mientras las colinas se derretían a su alrededor; sobre ellos, los cielos se iluminaban con relámpagos. Se apresuraron por temor, pero sus pies se enredaron en la tierra y el desierto les encerró. Desconocían el camino, pues no había señal alguna constantemente ante ellos.

◢ **Manuscritos 6:28** El Faraón había reunido a sus tropas y siguió a los esclavos. Tras su marcha, hubo disturbios y desórdenes detrás de él, pues las ciudades fueron saqueadas. Las leyes fueron sacadas de los juzgados y pisoteadas en las calles. Los almacenes y graneros fueron forzados y robados. Las calles se vieron inundadas y nadie pudo transitar por ellas. Las personas yacían muertas en todas partes. El palacio se partió y los príncipes y oficiales huyeron, de forma que no quedó ninguna autoridad para ejercer el mando. Los listados de números fueron destruidos, los lugares públicos derrocados y las familias se sintieron confusas y desconocidas.

◢ **Manuscritos 6:30** El ejército del Faraón alcanzó los esclavos por las orillas del agua salada, pero fue mantenido en la distancia por una llamarada de fuego. Una gran nube se extendió sobre ellos y oscureció el cielo. Nadie podía ver, excepto por el brillo del resplandor del fuego y los incesantes relámpagos que cubrían las nubes que había sobre su cabezas.

◢ **Manuscritos 6:31** Se levantó un torbellino en el Este y arrasó al ejército que permanecía acampado. Una tormenta duró toda la noche, y en la penumbra del amanecer rojo, la Tierra se movió, las aguas se alejaron de la orilla y retrocedieron sobre sí mismas. Hubo un extraño silencio y entonces, en la penumbra, se vio que las aguas se habían marchado dejando un paso en medio. La tierra había subido, pero estaba intranquila y temblaba, el camino no era recto ni claro. Las aguas de alrededor giraban como un torbellino dentro de un recipiente, sólo el pantano se mantuvo imperturbable. El DESTRUCTOR emitió un sonido estridente [explosión] que dejó sordos a los hombres.

Manuscritos 6:32 Desesperados, los esclavos habían estado haciendo sacrificios. Sus lamentos podían escucharse desde lejos. Ahora, antes de la extraña visión, había dudas, y durante unos segundos, estuvieron quietos y en silencio. Entonces, todo se tornó confuso y comenzaron los gritos. Algunos empujaban hacia las aguas a todo el que intentaba huir del inestable terreno. Entonces, en una exaltación, a través de la confusión, su líder [Moisés] les condujo hacia la mitad de las aguas. A pesar de ello, muchos intentaron regresar hacia donde se encontraba el ejército [del Faraón] detrás de ellos, mientras que otros huyeron por las orillas vacías.

Manuscritos 6:35 Entonces desapareció la furia y se hizo el silencio. La quietud se extendió por la tierra mientras el ejército del Faraón quedó inmóvil en el resplandor rojo. Entonces, con un grito, los capitanes avanzaron y el ejército se levantó tras ellos. La cortina de fuego se había enrollado en una nube oscura ondulante que se extendió como un dosel. Hubo una gran agitación en las aguas, pero siguieron a los malhechores más allá del gran remolino. El paso estaba confuso en mitad de las aguas y el terreno era inestable. Aquí, en mitad del tumulto de las aguas, el Faraón luchó contra la retaguardia de los esclavos y prevaleció sobre ellos. Hubo una gran masacre en medio de la arena, el pantano y el agua. Los esclavos gritaron desesperados, pero sus gritos fueron silenciados.

Manuscritos 6:37 Entonces, un poderoso rugido rompió el silencio y los pilares de rodadura de la nube de la ira del DESTRUCTOR cayeron sobre el ejército. Los Cielos rugieron como si sonaran miles de truenos, las entrañas de la Tierra se vieron separadas y la Tierra gritó su agonía. Las colinas se vieron separadas y cayeron. El suelo árido cayó bajo las aguas y llegaron grandes olas, que avanzaban como rocas desde el mar.

Manuscritos 6:38 La gran elevación de rocas y aguas arrolló los carros de los Egipcios que iban delante de los hombres que marchaban a pie. El carro del Faraón fue lanzado por los aires como si estuviera sostenido por una poderosa mano y terminó aplastado en mitad de las turbulentas aguas.

- **Manuscritos 6:39** La noticia del desastre llegó por Rageb, hijo de Thomat, quien se apresuró por delante de los aterrorizados supervivientes de la quema. Informó que el ejército había sido destruido por explosiones y una inundación. Los capitanes habían desaparecido, los hombres fuertes habían caído y ninguno quedaba vivo para ejercer el mando. Por todo ello, el pueblo se rebeló a causa de las calamidades que habían caído sobre ellos. Los cobardes se escabulleron de sus guaridas y salieron con valentía para asumir los altos cargos de los muertos. Las mujeres nobles y gentiles, desaparecidos su protectores, fueron su presa. De los esclavos, un gran número había muerto ante el ejército del Faraón

- **Manuscritos 6:40** La dividida tierra quedó desprotegida y los invasores salieron de la penumbra. Los extranjeros se levantaron contra Egipto y nadie luchó, pues el coraje y la fuerza habían desaparecido.

- **Manuscritos 6:45** El Faraón abandonó sus esperanzas y huyó al desierto, más allá de la provincia del lago, que se encuentra en el Oeste en dirección al Sur. Vivió una vida agradable entre los vagabundos del desierto y escribió libros.

- **Manuscritos 6:46** Los buenos tiempos regresaron, incluso bajo el dominio de los invasores, y los barcos navegaron río arriba. El aire se vio purificado, el aliento del DESTRUCTOR se marchó y la tierra se llenó de nuevo con todo lo que podía crecer en ella. La vida se había renovado en todas las tierras.

- **Pasajes 6:30** …Habían transcurrido diez mil generaciones desde los comienzos y mil generaciones desde la recreación. Los Hijos de Dios y Los Hijos de Los

Hombres quedaron reducidos a cenizas y sólo quedaron los hombres. Cien generaciones habían pasado desde que tuvo lugar el sobrecogedor diluvio y diez generaciones desde que El DESTRUCTOR apareció por última vez.

En su libro de 1999 *"Exodus to Arthur"*, Mike Ballie data el Éxodo en el año 1628 A.C. ¿Cómo llegó a esta conclusión? Ballie dedujo este dato basándose en las mediciones de los estrechos anillos de árboles tomadas en un pantano en Sentry Hill, Irlanda del Norte.

Según Ballie, los anillos más estrechos de los árboles, jamás registrados, comenzaron justo después de una explosión volcánica catastrófica que tuvo lugar en la isla Mediterránea de Santorini, provocando una enorme nube de polvo.

Pero aquí está la clave, Ballie insinúa que había DOS nubes de polvo al mismo tiempo. Una de Santorini y la otra procedente de un objeto celestial llamado *Tifón*, que posiblemente fue lo que provocó la erupción de Santorini en primer lugar.

Varios escritores de la antigüedad describieron este objeto celestial. Ballie menciona:

- "Según Apolodoro, Tifón: "... sobrepasaba las montañas y su cabeza solía rozar las estrellas ... Tal era la magnitud y

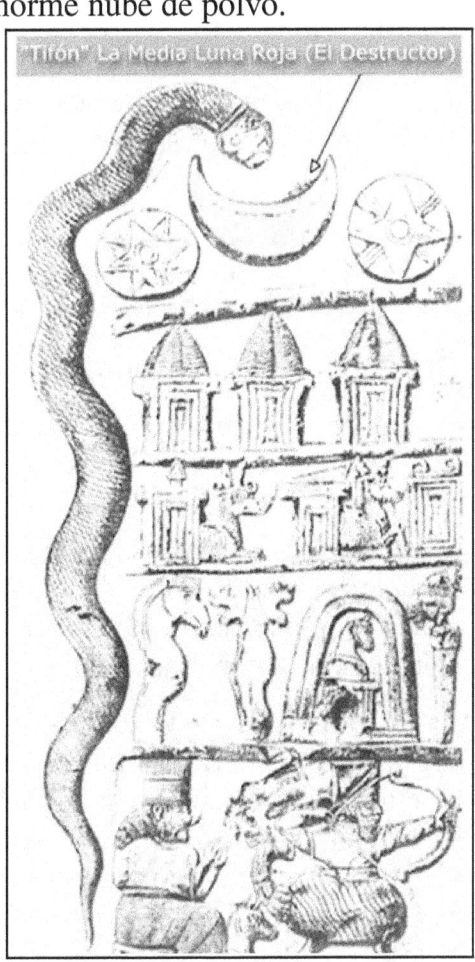

Ilus. 12: "Tifón" La Media Luna Roja

grandeza de Tifón cuando lanzando rocas de parecido tamaño, se adentró en el lejano cielo con silbidos y gritos, lanzando un gran chorro de fuego por su boca".

⊿ "Citando a Plinio: "El pueblo de Etiopía y de Egipto vio una cosa terrible (objeto), a la que Tifón, el rey de esa época, le puso su nombre [En otras palabras, podemos decir que el Rey registró el objeto celestial con su "nombre", GJ] ..."

⊿ "... Tifón ... no sólo es mencionado por Plinio, sino también por Lydus, Servius, Hephaestion y por Junctinus...Al parecer [Tifón] fue visto como una inmensa esfera de color rojo, de desplazamiento lento..."

⊿ "... Lydus opinaba que si la Tierra volvía a encontrarse en alguna ocasión con Tifón, ésta se vería destruida en el encuentro... Se relacionaban estrechamente las plagas del Éxodo con el fenómeno asociado con Tifón.". Pág. 176-8

Por lo tanto, en base a lo citado anteriormente, Tifón fue el Destructor del Éxodo. Sí; durante su último sobrevuelo, Tifón alteró el curso de la Tierra empujándola a una órbita más grande alrededor del sol.

La Biblia Kolbrin: Edición Original Siglo XXI

⊿ **Manuscritos 34:4** ...los CINCO DÍAS AÑADIDOS AHORA A LOS DÍAS DEL AÑO son días de dolor por la alteración de las cosas. Está escrito que siete días antes de la llegada de las aguas, el sol apareció en un lugar diferente... Es cierto que los marineros del rey partieron de lugares extraños, pero quizás esto fue así porque el sol había dejado su curso habitual.

Este versículo no sólo apoya un reverso de los polos, sino que afirma que "se añadieron cinco días al año." Por lo tanto, ¡había que añadir cinco días al calendario! ¿Podría ser cierto que el año del calendario del antiguo Egipto sólo tenía 360 días antes de la última visita del Destructor durante el Éxodo? ¡Sí! ¡Una respuesta facilitada por Immanuel Velikovsky en 1950!

Mundos en Colisión

⚐ "El año Egipcio estaba compuesto por 360 días antes de que pasara a tener 365 tras añadirle cinco días... una reforma aprobada por los sacerdotes egipcios en Canopus y elaborada en un Decreto ... para adaptar el calendario a las estaciones "de acuerdo con el estado actual del mundo", como se cita en el texto".

Velikovsky continua explicando que se añadieron cinco días extra debido al cambio que se había producido en los movimientos planetarios, implícito en el Decreto Canopus, que se refiere a ello como *"la corrección de los errores del cielo"*. Por lo tanto, si los egipcios tuvieron que añadir cinco días a su calendario del año, ¿tuvieron que hacer lo mismo los Antiguos al otro lado del mundo? ¡Sí! Velikovsky escribe:

⚐ "... el año del calendario Maya estaba compuesto por 360 días; más tarde se añadieron cinco días, y el año fue de una vuelta (360 días) y cinco días...Los contaban aparte, y los denominaron como días de nada...".

⚐ [Fray Diego de Landa, en su Yucatán antes y después de la Conquista, escribió:]...que los cinco días añadidos fueron considerados como "siniestros y desafortunados".

¿Por qué los Antiguos consideraban estos cinco días extra del año como "siniestros?" Fray Diego de Landa detectó un sentimiento de aprensión entre la gente local con respecto a estos días adicionales. Quizás los Mayas sabían que un objeto celestial venido de fuera era el responsable del desplazamiento exterior de la Tierra a una órbita mayor; por lo tanto, es natural que pensaran que una fuerza siniestra estaba implicada en estos desafortunados cinco días. ¿Era este objeto venido de fuera su dios, *Quetzalcoatl*, la serpiente celestial emplumada? Es muy probable.

En relación con esta fuerza "siniestra", *Tifón* y *Faetón*, mencionados anteriormente, también se han relacionado con Satanás o con la Serpiente, una "Bestia" física observada en los cielos. Mi investigación ha descubierto que la Bestia tenía una "Marca" celestial asociada con ella.

Esta relación en parte proviene de una antigua historia China de la dinastía Xia. En el libro de James Legge *"Los Libros Sagrados de China"* (1879), se cita una antigua historia de un tirano corrupto llamado el Rey Chieh, quien resultó ser el último Rey de la Dinastía Xia.

Durante la transición de la dinastía Xia a la Shang, el Rey Chieh fue desafiado por el Rey T'ang, y según mi investigación, el periodo de transición pudo haber incluido el año 1628 A.C., la época en la que se vio Tifón (la Bestia celestial) en el cielo. Legge traduce:

Los Libros Sagrados de China

- "...el rey de Xia [Chieh] olvidó sus virtudes y se convirtió en un tirano ... El cielo bendice a los buenos y convierte los malvados en desgraciados. Envió calamidades sobre [la dinastía de] Xia, para manifestar su culpabilidad ..."

Durante el desafío del Rey Chieh, el antiguo texto Chino hace referencia a "terrores brillantes", "enviar calamidades", y a la mala hierba amarga, la estrella "Ajenjo". En mi opinión, estas citas indican que es muy probable que el Rey Chieh observase la Bestia celestial en los cielos durante la época de su desafío (junto con la observación del Rey Tifón en una región completamente diferente del mundo).

Sin embargo, es más importante un aspecto fascinante de este pasaje, el hecho de que los dos primeros números de la bíblica "Marca de la Bestia" sean referidos como: Chi y Xi:

- (6) CHI (Chieh): el reino del Rey durante la época del sobrevuelo.

- (6) XI (Xia): la Dinastía China durante el tiempo del sobrevuelo.

- (6) STIGMA (Marca): la "insignia" del Rey del objeto planetario durante la época del sobrevuelo.

Pero, ¿cómo se puede hacer referencia al tercer número? Como se ha mencionado anteriormente, el Rey Tifón utilizó su propio nombre para reconocer su propiedad sobre la Bestia celestial (por decirlo de otra manera, su sello oficial o su "insignia"). Esto demuestra ahora una clara conexión con los tres últimos dígitos de la bestia celestial, o marca de la bestia:

¿Es el Destructor (*Tifón*) en realidad la "Bestia" celestial de la frase, "La Marca de la Bestia?" Sí, ¡es el "antiguo dragón" mencionado en las *Revelaciones*!

A primera vista, esto podría parecer disparatado, pero tenga en cuenta esta cita en el prólogo de un libro poco conocido, escrito en 1946 por Comyns Beaumont y publicado por Rider & Co., Londres.

El Enigma de la Gran Bretaña Prehistórica

- "...la inundación inmortaliza la colisión de un planeta caído, denominado más tarde como Satanás..."

Algunas personas de la antigüedad han retratado al Destructor como si estuviera al lado de Dios (como en el mensaje de Jeremías y de Moisés), y otros lo han retratado al lado de Satanás (describiendo un objeto monstruoso con forma de serpiente o de dragón). Así, aparece el concepto de la Dualidad (el bien contra el mal).

12

Rindiendo Homenaje al Destructor

Inexplicablemente, teniendo en cuenta los datos aportados aquí, hay pasajes en *La Biblia Kolbrin* que mencionan que los antiguos le rindieron homenaje al Destructor. He aquí este versículo como ejemplo de ello:

La Biblia Kolbrin: Edición Original Siglo XXI

- **Hijos del Fuego 6:20** En vísperas de la fiesta de la matanza de ovejas, los barcos del lago se preparaban para la peregrinación anual a la isla. Entre ellos se encontraba el gran barco de Erab, guardado en memoria del día en el que LA ANTORCHA DEL CIELO se levantó con el Sol, y la Tierra se vio aplastada...

- Por sus expresiones, los dos sumerios parecen estar mirando fijamente hacia arriba, contemplando algo monstruoso, y a la vez maravilloso, que hay en el cielo. ¿Se trata del regreso de Nibiru? Sí, es más que probable. Y, ¿qué DECÍAN los sumerios a sus vecinos sobre el Destructor?

- **Manuscritos 12:11** DEJEMOS QUE EL DESTRUCTOR VENGA COMO EL TORBELLINO DE LOS LUGARES

ÁRIDOS. En los horribles días de su aparición, las obras de la ignorancia desaparecerán para siempre.

◢ **Manuscritos 26:10** Estad alerta y fuertes, hijos míos. Estad preparados para el día de la próxima visita, cuando la catástrofe llegue a la Tierra desde los cielos y el hombre se vea aplastado por su irresistible poder.

◢ **Pergaminos 21:8** ¡Oh! Dios Todopoderoso, cuya cólera enciende las bóvedas del cielo y cuyo fuego [del Destructor] devoró a los malvados en los tiempos remotos; cuyos torbellinos limpiaron la tierra; que hizo levantar los mares y los golpeó contra las montañas. ¡Oh! No dejes que las grandes fuerzas de la Tierra me atormenten. Cógelas rápidamente en Tu mano, de forma que no puedan aplastarme como el carro aplasta a la hormiga...

13

La "Forma" de las cosas que vendrán

¿Cuándo podemos esperar el regreso del Destructor? *La Biblia Kolbrin* nos aporta una tentadora clave que mencionamos a continuación:

La Biblia Kolbrin: Edición Original Siglo XXI

▰ **Creación 7:5** Éstas y otras muchas cosas fueron enseñadas por Habaris [?]…Él les enseñó los misterios concernientes a la rueda del año [la órbita de la Tierra] y dividió el año en dos mitades: verano e invierno, con un gran círculo anual de cincuenta y dos años, ciento y cuatro, de los cuales era el círculo del DESTRUCTOR.

Este versículo es fascinante porque el lector puede calcular el espacio de tiempo de la inusual órbita del Destructor. Hay dos conjuntos de números que son evidentes. El primer cálculo multiplica el "Gran Año" de 52 años por 104. Esto equivale a 5.408 años.

El segundo incluye el aspecto de las dos mitades del año; el verano y el invierno. Añadiendo esto al cálculo, multiplique 5.408 años por 2 mitades, lo que da un total de 10.816 años.

¿Cuál de los cálculos es? Dejaremos este tema para que lo debatan otros.

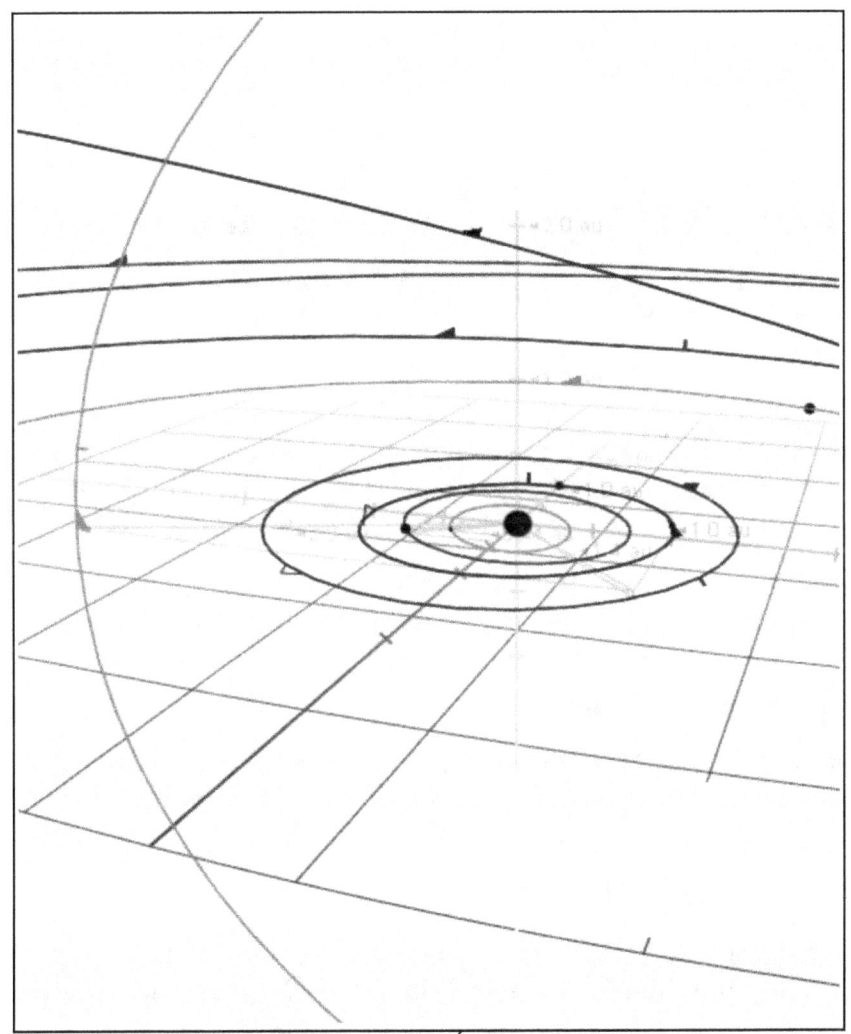

Ilus. 13: Ejemplo de la Órbita del Planeta X

NOTA: La amplia órbita de este objeto se encuentra profundamente inclinada en la elíptica, lo que provoca estas discrepancias con respecto a las fechas. Esto se explica amplia y totalmente en el libro *"Pronóstico del Planeta X y Guía de Supervivencia al 2012"*.

14

La Advertencia del Profeta Elidor

Algunas de las alusiones más convincentes del Destructor que aparecen en *La Biblia Kolbrin* provienen de un misterioso profeta llamado Elidor.

Según "El Libro de la Rama de Plata," era un extranjero que vivía en las tierras Celtas, posiblemente habría llegado en barco desde el antiguo Egipto. Si lo hizo, Elidor habría conocido al Destructor en su tierra natal.

Por ello, algunas palabras sabias del "Nacido dos veces', Elidor, serían correctas. Ésta es la seria advertencia del Profeta Elidor:

La Biblia Kolbrin: Edición Original Siglo XXI

⌐ **La Rama de Plata 7:18** ...Soy profeta para hablarles a los hombres del ATERRADOR, aunque pasarán muchas generaciones antes de que aparezca. Será una cosa de proporciones monstruosas que se levantará como un cangrejo... Su cuerpo será ROJO... Extenderá destrucción por toda la Tierra, desde el amanecer hasta la puesta de sol. Vendrá durante los Tiempos de Decisión; cuando los hombres estén ciegos espiritualmente, cuando la ignorancia de unos reemplace la de otros, cuando los hombres caminen en la oscuridad y piensen que están en la luz. En esos días, los hombres sucumbirán al placer y a la comodidad, irán por caminos fáciles, alentados por mujeres incapaces de inspirarles hacia el camino de la luz.

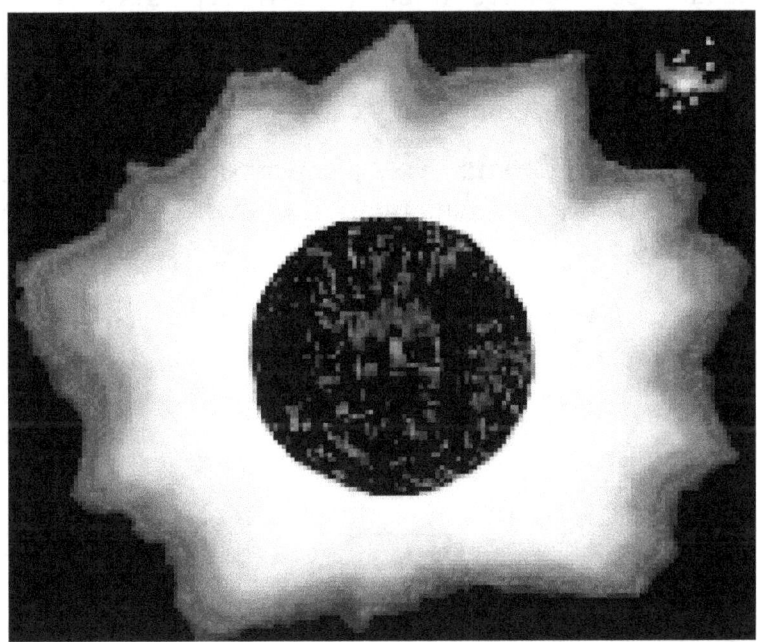

Ilus. 14: El Aterrador Celta

◢ **La Rama de Plata 7:19** Habrá incredulidad en temas espirituales, pero esto sucederá debido a la ignorancia. Serán sólo palabras, puesto que la incredulidad no es lo propio del corazón y naturaleza del hombre. No importa cuánto se vanaglorie el hombre de su falta de creencia, en los tiempos de confusión, cuando se encuentre en sitios extraños, asustado por lo desconocido, volverá a lo espiritual en busca de comodidad y fuerza.

◢ **La Rama de Plata 7:20** En los días del gran conflicto, no recen para que el Espíritu Supremo esté a su lado. Esto sería una gran pérdida de tiempo. Mas bien recen para estar en el lado derecho, al lado del Espíritu Supremo.

La Rama de Plata 7:21 Escuchen mi voz, pues les estoy hablando de las cosas que sucederán. No habrá grandes señales indicando la venida DEL ATERRADOR, vendrá cuando los hombres estén menos preparados. Vendrá cuando sólo se fijen en cosas mundanas. En esos días, los hombres perderán su hombría y las mujeres su feminidad. Serán tiempos de confusión y caos.

La Rama de Plata 7:22 He avisado acerca DEL ATERRADOR, he cumplido lo que se me había encargado…

15

La Cuenta Atrás al 2012

Como se indica al principio de esta obra, para este escritor, *La Biblia Kolbrin* es la Piedra Rosetta del Planeta X. Proporciona sólidas correlaciones históricas a los hechos científicos de los que se está informando hoy en día en Internet.

Las familias de la "élite" del mundo no esperaron a la ciencia. Durante incontables generaciones, transmitieron su profético conocimiento histórico contenido en *La Biblia Kolbrin,* y ahora están actuando en consecuencia.

Ahora que está al tanto de este mismo conocimiento, ¿qué piensa hacer al respecto? Conforme continúa la cuenta atrás al 2012, ¿va a malgastar un tiempo precioso argumentando con otros sobre quién es el tipo más inteligente?

O, como han hecho y están haciendo las "élites", ¿prestará atención a las advertencias contenidas en este sabio texto antiguo?

Antes de que se decida...

El Destructor era un hecho conocido por los escribas y sacerdotes del antiguo Egipto. Los datos de la *Biblia Kolbrin,* así como de otros escritores antiguos, aportan detalles vitales sobre el aspecto actual del Destructor:

- La cabeza, un cuerpo metalífero, es de color rojo sangre y tan brillante como el Sol.

- La cabeza, en ocasiones, aparece roja como una luna creciente y se ve envuelta en una nube oscura, parecida a un manto.

- La cola es en espiral y trenzada, como una serpiente.

- La cola produce espirales de serpentina como "cabezas de dragón", "brazos", "colas", "melenas" y "pies".

- La cola produce "chisporroteos" electrofónicos audibles en la atmósfera.

- La cola descarga granos microscópicos de polvo rojo provocando que los elementos de agua tomen un color rojo sangre.

- Las lluvias de nube estelar del cuerpo, con el tiempo se enfrían formando depósitos de grava sobre la superficie de la Tierra.

- La mala hierba amarga, "el ajenjo", es la primera planta que vuelve a crecer en la superficie después del sobrevuelo.

El Destructor no es un cometa típico al uso. Es un planeta monstruoso de hierro o enana marrón, con una cola, que de vez en cuando atraviesa nuestro sistema solar provocando estragos a su paso. Fue conocido como:

- *"Nibiru" por los Sumerios;*

- *"Destructor" por los Egipcios y Hebreos;*

- *"Faetón" por los Griegos;*

- *"Tifón' por Plinio*

- *"Aterrador" por los Celtas;*

y en el año 2012, lo conoceremos como el Planeta X.

Índice Alfabético